建筑业农民工职业技能培训教材

金属工

建设部干部学院　主编

华中科技大学出版社
中国·武汉

内 容 提 要

本书是按原建设部、劳动和社会保障部发布的《职业技能标准》、《职业技能岗位鉴定规范》内容，结合农民工实际情况，系统地介绍了金属工的基础知识以及工作中常用材料、机具设备、基本施工工艺、操作技术要点、施工质量验收要求、安全操作技术等。主要内容包括建筑识图，材料，常用设备与机具，门窗制作与安装，吊顶与隔墙、隔断安装，金属饰面板安装，细部工程施工，金属工安全操作技术。本书做到了技术内容最新、最实用，文字通俗易懂，语言生动，并辅以大量直观的图表，能满足不同文化层次的技术工人和读者的需要。

本书是建筑业农民工职业技能培训教材，也适合建筑工人自学以及高职、中职学生参考使用。

图书在版编目(CIP)数据

金属工/建设部干部学院 主编
—武汉：华中科技大学出版社，2009.5
建筑业农民工职业技能培训教材.
ISBN 978-7-5609-5287-1

Ⅰ.金… Ⅱ.建… Ⅲ.金属饰面材料—工程装修—技术培训—教材 Ⅳ.TU767

中国版本图书馆 CIP 数据核字(2009)第 049570 号

金属工　　建设部干部学院　主编

责任编辑：张亦男
封面设计：张　璐
责任监印：张正林

出版发行：华中科技大学出版社(中国·武汉)武昌喻家山
邮　　编：430074
发行电话：(022)60266190　60266199(兼传真)
网　　址：www.hustpas.com

印　　刷：湖北新华印务有限公司

开本：710mm×1000mm 1/16　印张：7.5　字数：151 千字
版次：2009 年 5 月第 1 版　印次：2015 年 9 月第 4 次印刷　定价：17.00 元
ISBN 978-7-5609-5287-1/TU·576

(本书若有印装质量问题，请向出版社发行科调换)

《建筑业农民工职业技能培训教材》
编审委员会名单

主编单位：建设部干部学院

编 审 组：（排名按姓氏拼音为序）

边 嫘 邓祥发 丁绍祥 方展和 耿承达

郭志均 洪立波 籍晋元 焦建国 李鸿飞

彭爱京 祁政敏 史新华 孙 威 王庆生

王 磊 王维子 王振生 吴月华 萧 宏

熊爱华 张隆新 张维德

前　言

为贯彻落实《就业促进法》和(国发〔2008〕5号)《国务院关于做好促进就业工作的通知》文件精神，根据住房和城乡建设部[建人(2008)109号]《关于印发建筑业农民工技能培训示范工程实施意见的通知》要求，建设部干部学院组织专家、工程技术人员和相关培训机构教师编写了这套《建筑业农民工职业技能培训教材》系列丛书。

丛书结合原建设部、劳动和社会保障部发布的《职业技能标准》、《职业技能岗位鉴定规范》，以实现全面提高建设领域职工队伍整体素质，加快培养具有熟练操作技能的技术工人，尤其是加快提高建筑业农民工职业技能水平，保证建筑工程质量和安全，促进广大农民工就业为目标，按照国家职业资格等级划分的五级：职业资格五级(初级工)、职业资格四级(中级工)、职业资格三级(高级工)、职业资格二级(技师)、职业资格一级(高级技师)要求，结合农民工实际情况，具体以"职业资格五级(初级工)"和"职业资格四级(中级工)"为重点而编写，是专为建筑业农民工朋友"量身订制"的一套培训教材。

同时，本套教材不仅涵盖了先进、成熟、实用的建筑工程施工技术，还包括了现代新材料、新技术、新工艺和环境、职业健康安全、节能环保等方面的知识，力求做到了技术内容最新、最实用，文字通俗易懂，语言生动，并辅以大量直观的图表，能满足不同文化层次的技术工人和读者的需要。

丛书分为《建筑工程》、《建筑安装工程》、《建筑装饰装修工程》3大系列23个分册，包括：

一、《建筑工程》系列，11个分册，分别是《钢筋工》、《建筑电工》、《砌筑工》、《防水工》、《抹灰工》、《混凝土工》、《木工》、《油漆工》、《架子工》、《测量放线工》、《中小型建筑机械操作工》。

二、《建筑安装工程》系列，6个分册，分别是《电焊工》、《工程电气设备安装调试工》、《管道工》、《安装起重工》、《钳工》、《通风工》。

三、《建筑装饰装修工程》系列，6个分册，分别是《镶贴工》、《装饰装修木工》、《金属工》、《涂裱工》、《幕墙制作工》、《幕墙安装工》。

本书根据"金属工"工种职业操作技能，结合在建筑工程中实际的应用，针对建筑工程施工材料、机具、施工工艺、质量要求、安全操作技术等做了具体、详细的阐述。本书内容包括建筑识图，材料，常用设备与机具，门窗制作与安装，吊顶与隔墙、隔断安装，金属饰面板安装，细部工程施工，金属工安全操作技术。

本书对于正在进行大规模基础设施建设和房屋建筑工程的广大农民工人和技术人员都将具有很好的指导意义和极大的帮助，不仅极大地提高工人操作技能水平和职业安全水平，更对保证建筑工程施工质量，促进建筑安装工程施工新技术、新工艺、新材料的推广与应用都有很好的推动作用。

由于时间限制，以及编者水平有限，本书难免有疏漏和谬误之处，欢迎广大读者批评指正，以便本丛书再版时修订。

编　者

2009年4月

目　录

第一章　建筑识图

第一节　装饰施工图的识读

一、识读装饰施工图的方法

装饰施工图是以建筑施工图为基础，应用投影视图的基本原理，表达装饰对象室内外各部位设置形式及其相互关系、装饰结构、装饰造型及饰面处理要求的一组视图，主要包括：装饰平面图、装饰立面图、顶棚装饰平面图、装饰剖面图与构造节点图、装饰详图等。

识读图纸的方法是：四看，四对照，二化一抓，一坚持。具体说明如下。

1.“四看”

“四看”就是由外向里看、由大到小看、由粗到细看、由建筑结构到设备专业看。也即：先查看图纸目录和设计说明，通过图纸目录看各专业施工图纸有多少张，图纸是否齐全；看设计说明，对工程在设计和施工要求方面有一概括了解；其二，按整套图纸目录顺序粗读一遍，对整个工程在头脑中形成概念。如工程地点、规模、周围环境、结构类型、装饰装修特点和关键部位等；其三按专业次序深入细致地识读基本图；其四读详图。

2.“四对照”

“四对照”就是平立剖面、几个专业、基本图与详图、图样与说明对照看。也即：看立面图和剖面图时必须对照平面图才能理解图面内容；一个工程的几个专业之间是存在着联系的，主体结构是房屋的骨架，装饰装修材料、设备专业的管线都要依附在这个骨架上。看过几个专业的图纸就要在头脑中树立起以这个骨架为核心的房屋整体形象，如想到一面墙就能想到它内部的管线和表面的装饰装修，也就是将几张各专业的图纸在头脑中合成一张。这样也会发现几个专业功能上或占位的矛盾；详图是基本图的细化，说明是图样的补充，只有反复对照识读才能加深理解。

3.“二化一抓、一坚持”

“二化一抓、一坚持”就是化整为零、化繁为简、抓纲带目、坚持程序。也即：当你面对一张线条错综复杂、文字密密麻麻的图纸时，必须有化繁为简的办法和抓住主要的办法，首先应将图纸分区分块，集中精力一块一块识读；其二就是按项目，集中精力一项一项地识读，坚持这样的程序读任何复杂的图纸都会变得简单，也不会漏项；“抓纲带目”就是识读图纸必须抓住图纸要交待的主要问题，如一张详图要表明两个构件的连接，那么这两个构件就是这张图的主体，连接是主题，一些螺栓连接、焊接等是实现连接的方法，读图时先看这两个构件，再看螺栓、焊缝。

二、装饰平面图

装饰平面图可以看成是对装饰建筑对象在高于窗台上表面处的水平剖视。平面图中对原建筑结构用粗线表示，家具、家电及其他陈设物品按规定符号用细线画出，必要时可加画阴影。

1. 装饰平面图的主要内容

(1)表明家具及其他装饰设施的位置、数量、规格和要求及其与建筑结构之间的相互关系。

(2)表明装饰对象空间的平面形状与尺寸及其相互关系。

(3)表明装饰项目的轮廓、尺寸、位置及其与建筑结构的相互关系，以及楼(地)面等饰面材料和工艺要求。

(4)表明与其他相关视图的投影及编号关系。

(5)表明各剖面图的剖切位置、详图及通用配件的位置与编号。

(6)表明门窗的位置、尺寸和开启方向。

(7)表明台阶、踏步、阳台及其他设施和装饰物品的位置、尺寸和平面轮廓。

2. 装饰平面图的识读

(1)识读平面图时，首先看标题栏、注解及文字说明，弄清图名、比例等内容。

(2)从入口门厅开始，逐次查看建筑物的平面形状、内部布置，总长、总宽及细部尺寸，室内家具、设备的位置、种类和数量。

(3)根据平面图上的投影符号、剖切符号，明确投影方向和剖切位置，相互对照查看相应的立面图、剖面图或详图。

(4)识图时注意区分建筑尺寸和装饰尺寸，明确装饰构造、装饰材料与建筑主体结构相互之间的连接固定方式。

(5)通过各种图例、符号、文字标注和引出线，了解各种饰面材料的种类、规格和色彩要求，明确各饰面材料之间的衔接关系。

三、装饰立面图

装饰立面图主要表现某一方向墙面的观赏外观及墙面装饰施工做法，是墙面装饰施工的依据，如图 1-1 所示。

1. 装饰立面图表达的主要内容

(1)立面图上标明了装饰立面、顶棚等相关部位的高度尺寸。

(2)标注了装饰对象的隔墙、隔断、门窗及有关设备的高度、宽度和安装尺寸。

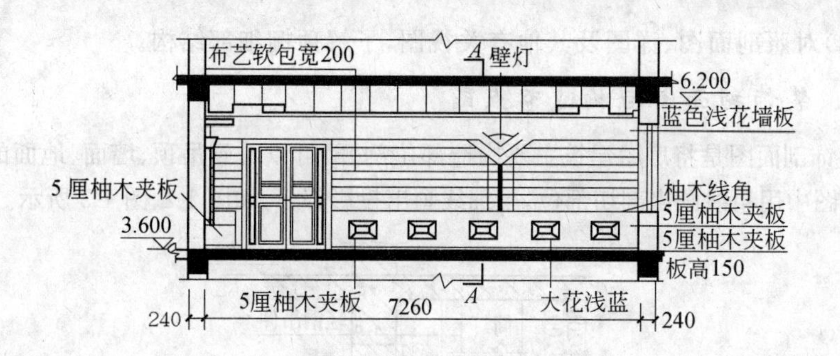

图 1-1 装饰立面图 1∶100

(3)标明了墙、柱等立面与吊顶的连接收口方式。

(4)注明了墙面、柱面、吊顶及各种艺术造型等部位的构造、选用材料、尺寸和施工工艺要求。

(5)反映了各部位装饰构造与建筑结构之间的连接方法及位置尺寸关系。

2. 装饰立面图的识读

(1)识读装饰立面图时,注意与装饰平面图中各部位关系、位置尺寸及编号,一一对应,仔细分析。

(2)根据装饰平面图与装饰立面图之间的对应关系,确定立面图中各装饰面的位置及长、高尺寸。

(3)根据各立面图上的标注,掌握各装饰部位所用材料和施工工艺要求及各装饰面的造型方式、连接方法、工艺要求。

(4)注意各装饰面上的固定设施、设备的位置尺寸、连接方式和施工工艺。

(5)了解各种预埋件、紧固件的种类、数量,并分析其连接、紧固的合理性和科学性。

四、顶棚装饰平面图

顶棚又称天花、天棚或吊顶,是装饰工程的重要组成部分,平面图的内容和识读要点如下。

1. 顶棚装饰平面图的内容

(1)顶棚造型,灯具布置的形式、位置及其尺寸关系。装饰材料的种类与要求。

(2)与吊顶有关的消防、音响、空调送风口等设施的位置及尺寸关系。

(3)剖面图、详图的剖切位置、剖视方向及其编号等。

2. 顶棚装饰平面图的识读

(1)根据顶棚造型特点,确定顶棚构造、灯具等各相关部位的尺寸。

(2)各种吊顶材料的规格、色彩要求。

(3)对照剖面图、详图及其他有关视图,了解顶棚细部结构。

五、装饰剖面图与构造节点图

装饰剖面图是将房屋建筑主要构造部位剖开,可以看到吊顶、墙面、地面的细部构造。图中用粗线画出剖切部位,用细线画出投影部分,如图 1-2、图 1-3 所示。

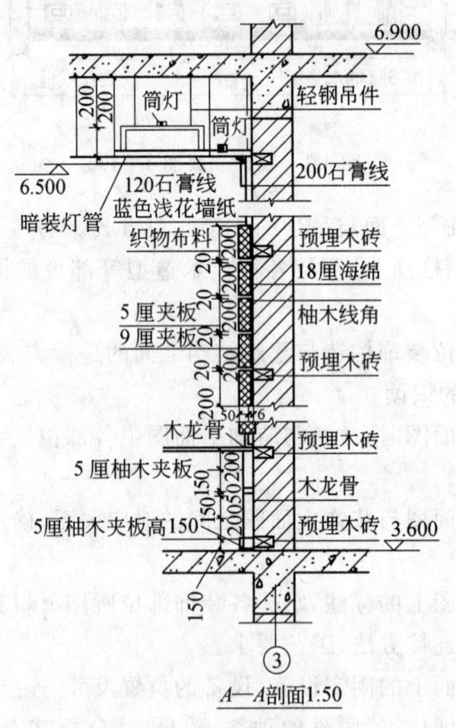

图 1-2　局部剖面图

1. 装饰剖面图与构造节点图的内容

(1)明确装饰造型、装饰面的材料组成、构造形式、相互之间的连接方式及其与主体建筑的关系。

(2)表明重要装饰构造的尺寸关系、连接方式、材料要求及重要部位的装饰构、配件的尺寸位置关系和工艺要点。

(3)标明饰面收口、封边、盖缝、嵌条的尺寸要求和工艺要点。

(4)反映饰面上的灯具、音响、消防、通风等设备及其他组成部分的安装工艺要求。

2. 装饰剖面图与构造节点图的识读

(1)根据剖切符号和节点编号,明确剖面图和节点图的剖切位置。

与相关平面图、立面图一一对照,了解剖面图和节点图的结构、材料及其与

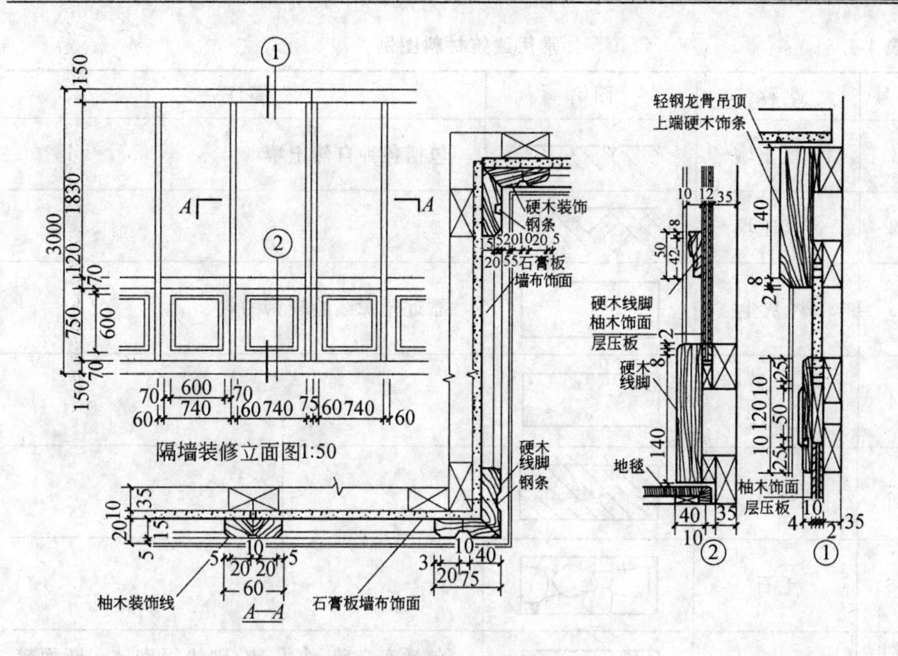

图 1-3 墙面装修构造详图

其他部位的连接关系。

(2)剖面图和节点图上表达的各种尺寸、位置关系,对确保装饰工程质量至关重要,施工前后一定要仔细核对,严格按要求操作。

六、装饰详图

为了满足工程施工的需要,通常对装饰工程中某些装饰构造的局部细节单独绘制成较大比例的施工图,如 1∶20、1∶10、1∶5、1∶1 的大样图,这种施工图称为装饰详图。装饰详图的特点是比例大、尺寸标注齐全、文字说明清晰,是装饰施工中平面图、立面图、剖视图不可缺少的补充。

装饰详图的内容和特点与剖面图和节点图类似。因此,其识读方法也与剖面图和节点图相同。

第二节 装饰施工图图例

一、常用建筑装饰材料图例

在建筑装饰工程中,常用建筑装饰材料按表 1-1 中所示图例表示。对图例中未包括的材料,可自编图例,但注意不能与表中图例重复,并应在视图适当位置画出该材料图例并加以说明。

表 1-1　　常用建筑材料图例

序号	名称	图例	备注
1	自然土壤		包括各种自然土壤
2	夯实土壤		
3	砂、灰尘		靠近轮廓线绘较密的点
4	砂砾石、碎砖、三合土		
5	石材		
6	毛石		
7	普通砖		包括实心砖、多孔砖、砌块等砌体。断面较窄不易会出图例线时，可涂红
8	耐火砖		包括耐酸砖等砌体
9	空心砖		指非承重砖砌体
10	饰面砖		包括铺地砖、马赛克、陶瓷锦砖、人造大理石等
11	焦渣、矿渣		包括与水泥、石灰等混合而成的材料
12	混凝土		(1)本图例指能承重的混凝土及钢筋混凝土；(2)包括各种强度等级、骨料、添加剂的混凝土；
13	钢筋混凝土		(3)在剖面图上画出钢筋时，不画图例线；(4)断面图形小，不易画出图例线时，可涂黑
14	多孔材料		包括水泥珍珠岩、沥青珍珠岩、泡沫混凝土、非承重加气混凝土、软木、蛭石制品等
15	纤维材料		包括矿棉、岩棉、玻璃棉、麻丝、木丝板、纤维板等

续表

序号	名称	图例	备注
16	泡沫塑料材料		包括聚苯乙烯、聚乙烯、聚氨酯等多孔聚合物类材料
17	木材		(1)上图为横断面,上左图可分别表示垫木、木砖或木龙骨; (2)下图为纵断面
18	胶合板		应注明为×层胶合板
19	石膏板		包括圆孔、方孔石膏板,防水石膏板等
20	金属		(1)包括各种金属; (2)图形小时,可涂黑
21	网状材料		(1)包括金属、塑料网状材料; (2)应注明具体材料名称
22	液体		应注明具体液体名称
23	玻璃		包括平板玻璃、磨砂玻璃、夹丝玻璃、钢化玻璃、中空玻璃、加层玻璃、镀膜玻璃等
24	橡胶		
25	塑料		包括各种软、硬塑料及有机玻璃等
26	防水材料		构造层次多或比例大时,采用上面图例
27	粉刷		本图例采用较稀的点

二、常见建筑构造与配件图例

国标《建筑制图标准》(GB/T 50104—2001)中对建筑构造与配件图例作了

规定，由于建筑构造与配件图例较多，现仅将部分图例摘录如下（见表1-2），供读者参考。

表1-2　　建筑构造与配件常用图例

序号	名称	图例	备注
1	平面高差	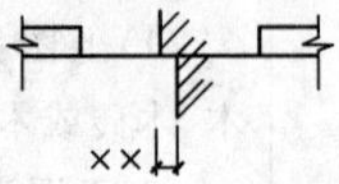 ××↓	适用于高差小于100 mm的两个地面或楼面相接处
2	孔洞		阴影部分可以涂色代表
3	坑槽	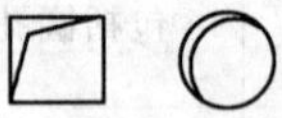	
4	新建的墙和窗	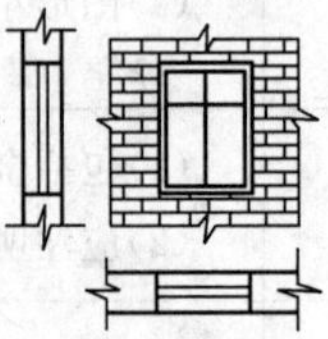	(1)本图以小型砌块为图例，绘图时应按所用材料的图例绘制，不宜以图例绘制的，可在墙面上以文字或代号注明； (2)小比例绘图时，平、剖面窗线可用单粗实线表示
5	改建时保留的原有墙和窗	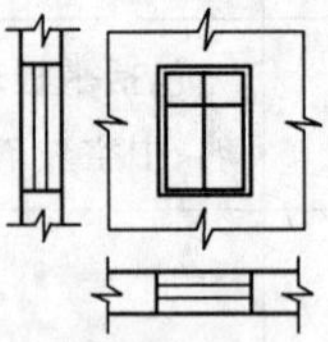	
6	在原有墙或楼板上新开的洞	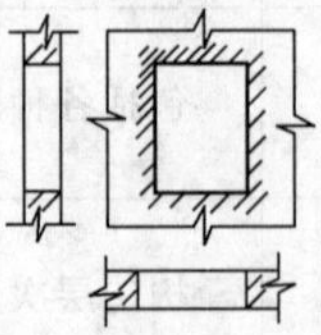	
7	单扇双面弹簧门	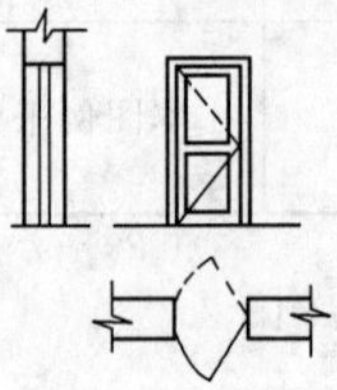	

续表

序号	名称	图例	备注
8	双扇双面弹簧门		(1)门的名称代号用 M； (2)图例中剖面图左为外、右为内，平面图下为外、上为内； (3)立面图上开启方向线交角的一侧为安装合页的一侧，实线为外开，虚线为内开； (4)平面图上门线应 90°或 45°开启，开启弧线应绘出； (5)立面图上的开启线在一般设计图中可不表示，在详图及室内设计图上应表示； (6)立面形式应按实际情况绘制
9	单扇内外开双层门（包括平开或单面弹簧门）		
10	双扇内外开双层门（包括平开或单面弹簧门）		
11	单扇门（包括平开或单面弹簧门）		
12	双扇门（包括平开或单面弹簧门）		
13	墙中双扇推拉门		(1)门的名称代号用 M； (2)图例中剖面图左为外、右为内，平面图下为外、上为内； (3)立面形式应按实际情况绘制

续表

<table>
<tr><th>序号</th><th>名称</th><th>图例</th><th>备注</th></tr>
<tr><td>14</td><td>墙外单扇推拉门</td><td></td><td>(1)门的名称代号用 M；
(2)图例中剖面图左为外、右为内，平面图下为外、上为内；
(3)立面形式应按实际情况绘制</td></tr>
<tr><td>15</td><td>墙外双扇推拉门</td><td></td><td>(1)门的名称代号用 M；
(2)图例中剖面图左为外、右为内，平面图下为外、上为内；
(3)立面形式应按实际情况绘制</td></tr>
<tr><td>16</td><td>单层外开平开窗</td><td></td><td rowspan="3">(1)窗的名称代号用 C 表示。
(2)立面图中的斜线表示窗的开启方向，实线为外开，虚线为内开；开启方向线交角的一侧为安装合页的一侧，一般设计图中可不表示。
(3)图例中，剖面图所示左为外、右为内，平面图所示下为外、上为内。
(4)平面图和剖面图上的虚线仅说明开关方式，在设计图中不需表示。
(5)窗的立面形式应按实际绘制。
(6)绘小比例图时，平、剖面的窗线可用单粗实线表示</td></tr>
<tr><td>17</td><td>单层内开平开窗</td><td></td></tr>
<tr><td>18</td><td>双层内外开平开窗</td><td></td></tr>
<tr><td>19</td><td>推拉窗</td><td></td><td>(1)窗的名称代号用 C 表示。
(2)图例中，剖面图所示左为外、右为内，平面图所示下为外、上为内。
(3)窗的立面形式应按实际绘制。
(4)绘小比例图时，平、剖面的窗线可用单粗实线表示</td></tr>
</table>

第三节　符　号

一、剖切符号

(1)剖视的剖切符号由剖切位置线及投射方向线组成，均应以粗实线绘制(图 1-4)。

(2)断面的剖切符号只用剖切位置线表示，用粗实线绘制。编号所在的一侧应为该断面剖视方向(图 1-5)。

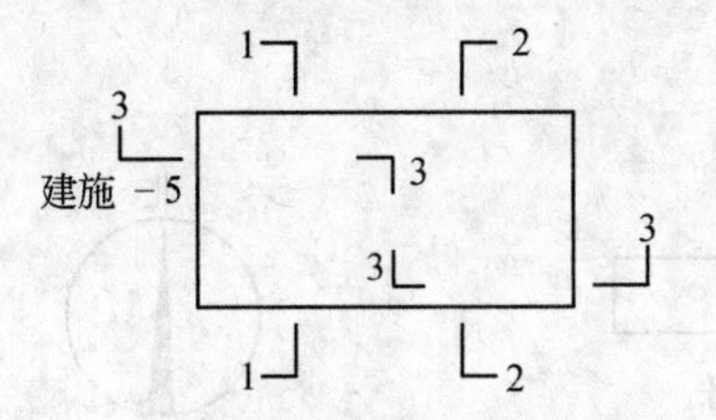

图 1-4　剖视的剖切符号图

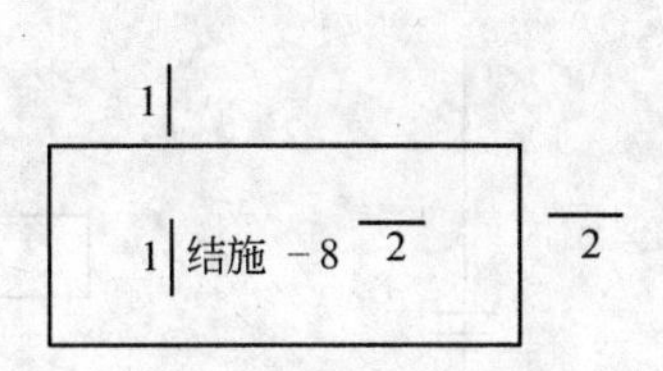

图 1-5　断面剖切符号

二、索引符号与详图符号

(1)图样中的某一局部或构件，如需另见详图，应以索引符号索引。其表示方法见图 1-6。

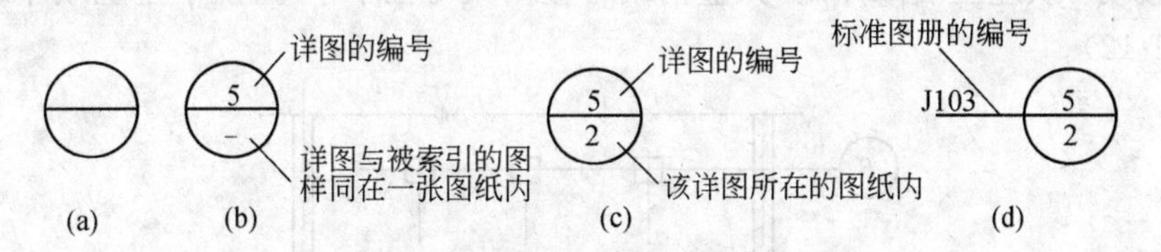

图 1-6　索引符号

(2)索引符号如用于索引剖面详图，应在被剖切的部位绘制剖切位置线，并以引出线引出索引符号，引出线所在的一侧应为投射方向(图 1-7)。

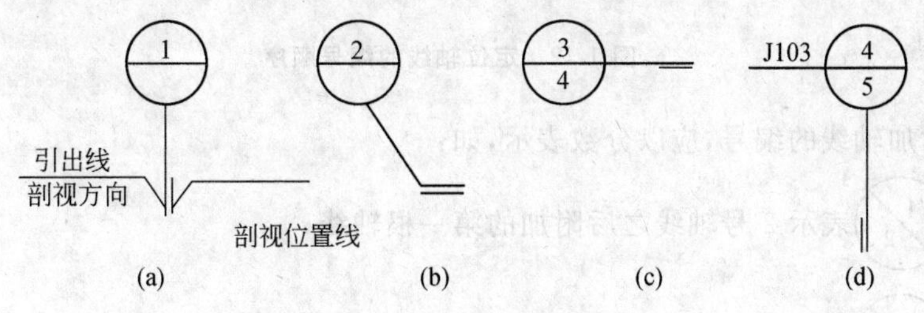

图 1-7　用于索引剖面详图的索引符号

(3)详图的位置和编号，应以详图符号表示(图 1-8～图 1-11)。

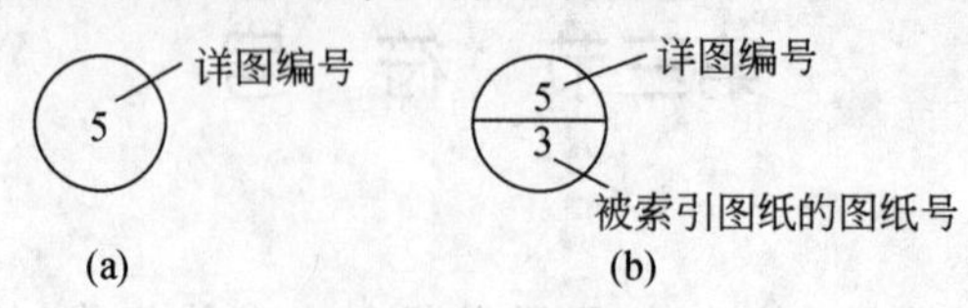

图 1-8　详图符号

(a)与被索引图样同在一张图纸内的详图符号；
(b)与被索引图样不在同一张图纸内的详图符号

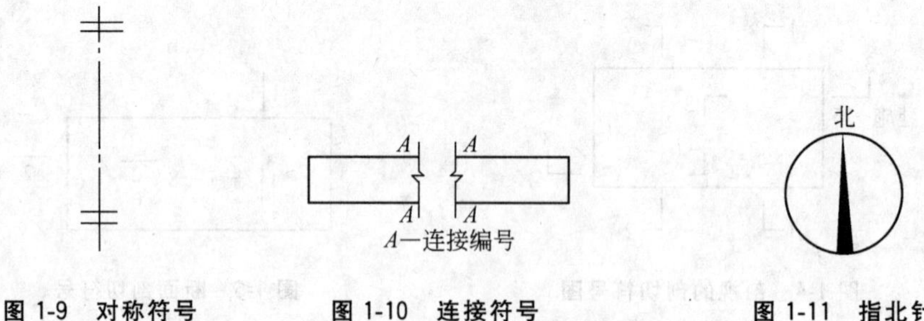

图 1-9　对称符号　　**图 1-10　连接符号**　　**图 1-11　指北针**

三、定位轴线

平面图上的定位轴线编号，宜标注在图样的下方与左侧。横向编号应用阿拉伯数字，从左至右顺序编号，竖向编号应用大写拉丁字母，从下至上顺序编写(图 1-12)。

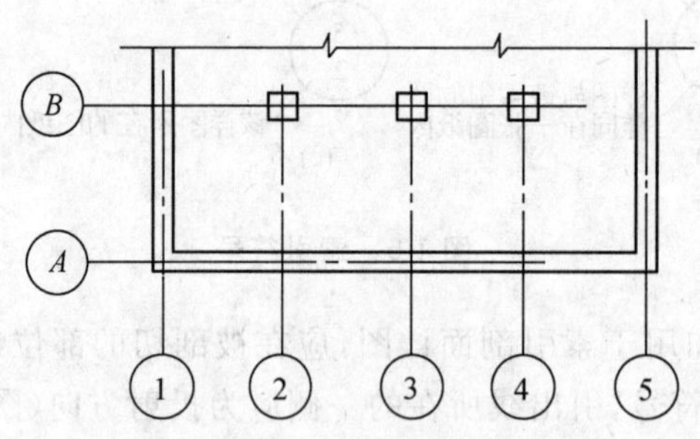

图 1-12　定位轴线的编号顺序

附加轴线的编号，应以分数表示，如：

(1/2)表示 2 号轴线之后附加的第一根轴线；

(3/C)表示 C 号轴线之后附加的第三根轴线。

1 号轴线或 A 号轴线之前的附加轴线的分母应以 01 或 0A 表示，如：

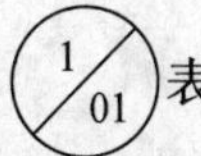

表示 1 号轴线之前附加的第一根轴线；

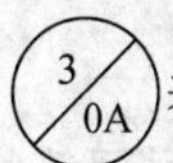

表示 A 号轴线之前附加的第三根轴线。

四、内视符号

为表示室内立面图在平面图上的位置，应在平面图上用内视符号注明内视位置、方向及立面编号(图 1-13)。立面编号用拉丁字母或阿拉伯数字。内视符号应用如图 1-13 及图 1-14 所示。

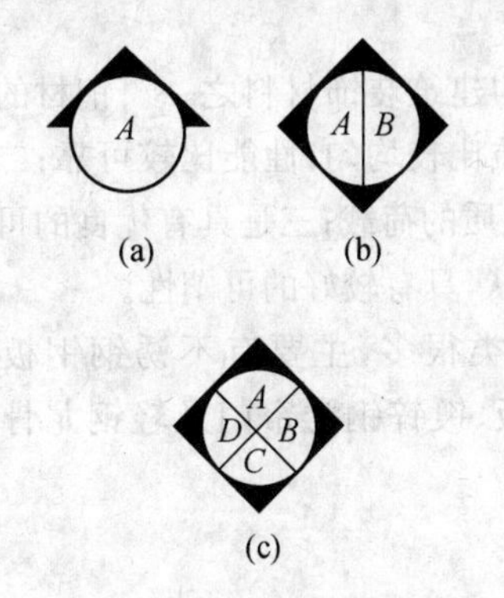

图 1-13 内视符号

(a)单面内视符号；(b)双面内视符号；
(c)四面内视符号

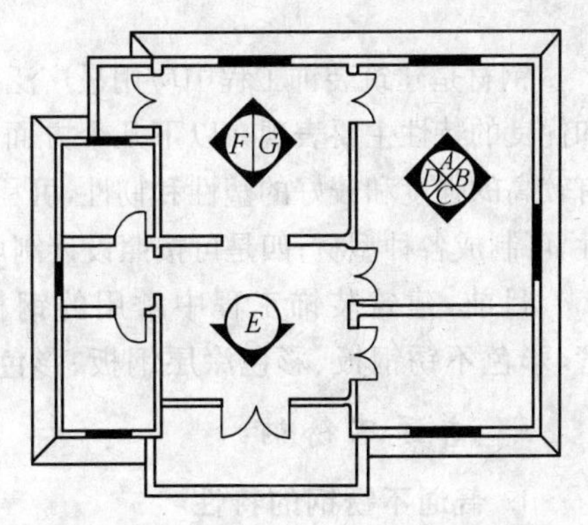

图 1-14 平面图上内视符号应用示例

第二章　材　料

装饰装修材料以其独特的光泽与色彩、庄重华贵的外形、经久耐用等特点，在建筑装饰工程中被广泛应用。常用的建筑装饰材料有钢材、铝合金型材、塑料型材、铝板、铝塑复板、五金零配件等。

第一节　建筑装饰钢材

钢材是建筑装饰工程中应用最广泛、最重要的建筑装饰材料之一。钢材的优点和优良的特性主要表现在以下几个方面：一是材质比较均匀，性能比较可靠；二是具有较高的强度和较好的塑性和韧性，可承受各种性质的荷载；三是具有优良的可加工性，可制成各种型材；四是可按照设计制成各种形状，具有较好的可塑性。

目前，建筑装饰工程中常用的钢材制品种类很多，主要有不锈钢钢板与钢管、彩色不锈钢板、彩色涂层钢板、彩色压型钢板、镀锌钢卷帘门及轻钢龙骨等。

一、普通不锈钢

1. 普通不锈钢的特性

不锈钢就是在钢中掺加铬合金的一种合金钢，钢中的铬含量越高，钢的抗腐蚀性能越好。不锈钢中除含有铬外，还含有镍、锰、钛、硅等元素。

2. 普通不锈钢制品

普通不锈钢按其化学成分不同，可分为铬不锈钢、铬镍不锈钢和高锰低铬不锈钢等。我国生产的普通不锈钢产品已达 40 多个品种，在建筑装饰工程所用的普通不锈钢制品主要是不锈钢型材和不锈钢薄钢板。

(1)不锈钢型材。

不锈钢型材有圆管、方管、矩形管及异型材等。不锈钢型材主要适用于建筑装饰、门窗、厨房设备、卫生间、高档家具、商店柜台和医药、食品、酿造设备等。

(2)不锈钢薄钢板。

不锈钢薄钢板是建筑装饰工程用量较大、用途较广的金属材料。主要适用于屋面、幕墙、门窗、内外墙装饰面等。目前，用普通不锈钢薄钢板包柱，是一种新颖的具有很高观赏价值的建筑装饰手法，在国内外发展非常迅速。

二、彩色不锈钢板

彩色不锈钢板，系在普通不锈钢钢板的基面上，通过进行艺术性和技术性的精心加工，使其表面上成为具有各种绚丽色彩的不锈钢装饰板，其颜色有蓝、灰、紫、红、青、绿、橙、茶色、金黄等多种，能满足各种装饰的要求。

彩色不锈钢钢板的用途很广泛，可用于厅堂墙板、天花板、电梯厢板、车厢板、建筑装潢、广告招牌等装饰之用。采用彩色不锈钢钢板装饰墙面，不仅坚固耐用、美观新颖，而且具有浓厚的时代气息。

不锈钢装饰板是近年来广泛使用的一种新型装饰材料，而且还在不断发展、创新。主要品种有镜面不锈钢板（又名不锈钢镜面板、镜钢板）、彩色不锈钢板、彩色不锈钢镜面板、钛金不锈钢装饰板等。

1. 不锈钢镜面板

不锈钢镜面板是以不锈钢薄板经特殊抛光处理加工而成，其适用于高级宾馆、饭店、影剧院、舞厅、会堂、机场候机楼、车站码头、艺术馆、办公楼、商场及民用建筑的室内外墙面、柱面、檐口、门面、顶棚、装饰面、门贴脸等处的装饰贴面。

2. 彩色不锈钢板

彩色不锈钢板是在普通不锈钢板上，通过独特的工艺配方，使其表面产生一层透明的转化膜，光通过彩色膜的折射和反射，产生物理光学效应，在不同的光线下，从不同角度观察，给人以奇妙、变幻之感。彩色不锈钢板有玫瑰红、玫瑰紫、宝石蓝、天蓝、深蓝、翠绿、荷绿、茶色、青铜、金黄等色及各种图案。用途同不锈钢镜面板。

3. 钛金不锈钢装饰板

钛金不锈钢装饰板是近几年出现的一种彩色不锈钢钢板，它是通过多弧离子镀膜设备，把氮化钛、掺金离子镀金复合涂层镀在不锈钢板、不锈钢镜面板上而制造出的豪华装饰板。主要产品有钛金板、钛金镜面板、钛金刻花板、钛金不锈钢覆面墙地砖等。

钛金不锈钢装饰板多用于高档超豪华建筑，适用范围同不锈钢镜面板。其中，钛金不锈钢覆面墙地砖则专用于墙面、楼地面的装饰。

钛金不锈钢装饰板的产品性能应达到相应的标准。产品的规格平面尺寸一般为：1220 mm×2440 mm、1220 mm×3048 mm，其厚度有 0.6 mm、0.7 mm、0.8 mm、0.9 mm、1.0 mm、1.2 mm、1.5 mm 等多种。

三、彩色涂层钢板

彩色涂层钢板是近 30 年迅速发展起来的一种新型钢预涂产品。涂装质量远比对成型金属表面进行单件喷涂或刷涂的质量更均匀、更稳定、更理想。它是以冷轧钢板、电镀锌钢板或热镀锌钢板为基板经过表面脱脂、磷化、铬酸盐等处理后，涂上有机涂料经烘烤而制成的产品，常简称为“彩涂板”或“彩板”。当基板为镀锌板时，被称为“彩色镀锌钢板”。

1. 彩色涂层钢板的类型

按彩色涂层钢板的结构不同，可分为涂装钢板、PVC 钢板、隔热涂装钢板、高耐久性涂层钢板等。

(1)涂装钢板。

涂装钢板是以镀锌钢板为基体，在其正面和背面都进行涂装，以保证它的耐腐蚀性。正面第一层为底漆，通常涂抹环氧底漆，因为它与金属的附着力很强。背面也涂有环氧或丙烯酸树脂，面层过去采用醇酸树脂，现在改为聚酯类涂料和丙烯酸树脂涂料。

(2)PVC 钢板。

PVC 钢板分为两种类型，一种是涂布 PVC 钢板；另一种是贴膜 PVC 钢板。PVC 表面涂层的主要缺点是易产生老化，在 PVC 表面再复合丙烯酸树脂的复合型 PVC 钢板改善这一缺点。

(3)隔热涂装钢板。

隔热涂装钢板是在彩色涂层钢板的背面贴上 15～17 mm 的聚苯乙烯泡沫塑料或硬质聚氨酯泡沫塑料，以提高涂层钢板的隔热及隔音性能，现在我国已开始生产隔热涂装钢板这种产品。

(4)高耐久性涂层钢板。

高耐久性涂层钢板，由于采用耐老化性极好的氟塑料和丙烯酸树脂作为表面涂层，所以其具有极好的耐久性、耐腐蚀性。彩色涂层钢板的结构如图 2-1 所示。

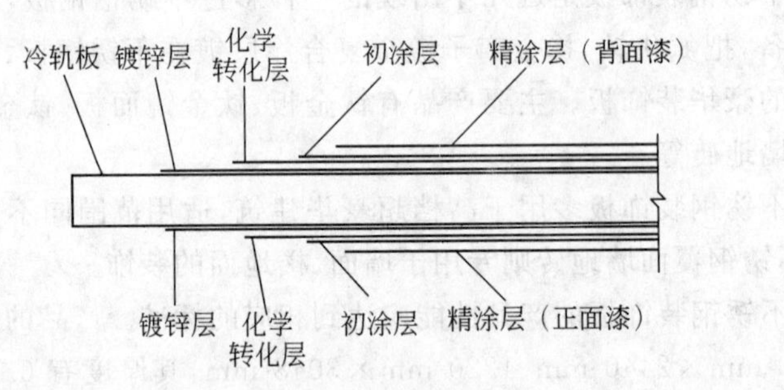

图 2-1　彩色涂层钢板的结构

2. 彩色涂层钢板的性能

彩色涂层钢板具有耐污染性能、耐高温性能、耐低温性能、耐沸水性能。彩色涂层钢板基材的化学成分和力学性能应符合相应标准的规定；涂层性能应符合有关规定。

3. 彩色涂层钢板的用途

彩色涂层钢板的用途十分广泛，不仅可以用做建筑外墙板、屋面板、护壁板等，而且还可以用做防水汽渗透板、排气管道、通风管道、耐腐蚀管道、电气设备等，也可以用做构件以及家具、汽车外壳等，是一种非常有发展前途的装饰性板材。

四、覆塑复合金属板

覆塑复合金属板是目前一种最新型的装饰性钢板。这种金属板是以Q235、Q255金属板(钢板或铝板)为基材，经双面化学处理，再在表面覆以厚0.2～0.4 mm的软质或半软质聚氯乙烯膜，然后在塑料膜上贴保护膜，在背面涂背涂加工而成。它不仅被广泛用于交通运输或生活用品方面，如汽车外壳、家具等，而且适用于内外墙、天花吊顶、隔板、隔断、电梯间等处的装饰。覆塑复合钢板是一种多用装饰钢材。

五、铝锌钢板及铝锌彩色钢板

铝锌钢板又名镀铝锌钢板、镀铝锌压型钢板。主要适用于各种建筑物的墙面、屋面、檐口等处。

铝锌彩色钢板又名镀铝锌彩色钢板、镀铝锌压型彩色钢板。它是以冷轧压型钢板经铝锌合金涂料热浸处理后，再经烘烤涂装而成。颜色有灰白、海蓝等多种，产品20年内不会脱裂或剥落。

铝锌钢板及铝锌彩色钢板的规格：厚度一般为0.45 mm、0.60 mm；有效宽度为975 mm；最长不超过12 m。

六、彩色压型钢板

彩色压型钢板是以镀锌钢板为基材，经过成型机的轧制，并涂敷各种耐腐蚀性涂层与彩色烤漆而制成的轻型围护结构材料。这种钢板适用于工业与民用及公共建筑的屋盖、墙板及墙壁装贴等。

彩色压型钢板的规格及特征，其常用板型如图2-2所示。

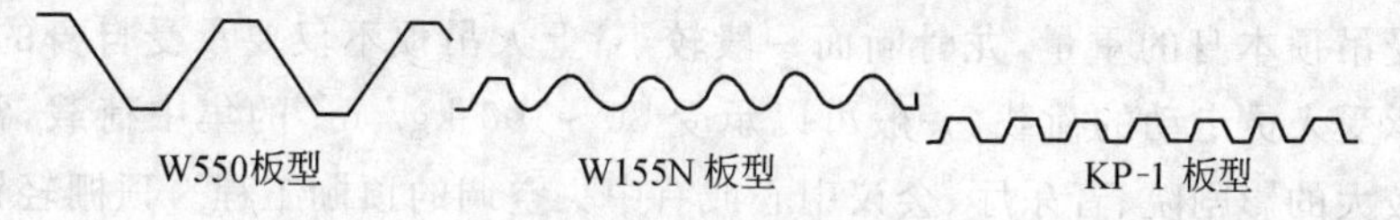

图2-2 压型钢板的形式

七、钢门帘板

门帘板是钢卷帘门的主要构件。通常所用产品的厚度为1.5 mm，展开宽度为130 mm，每米帘板的理论质量为8.2 kg，材质为优质碳素钢，表面镀锌处理。门帘板的横断面，如图2-3所示。

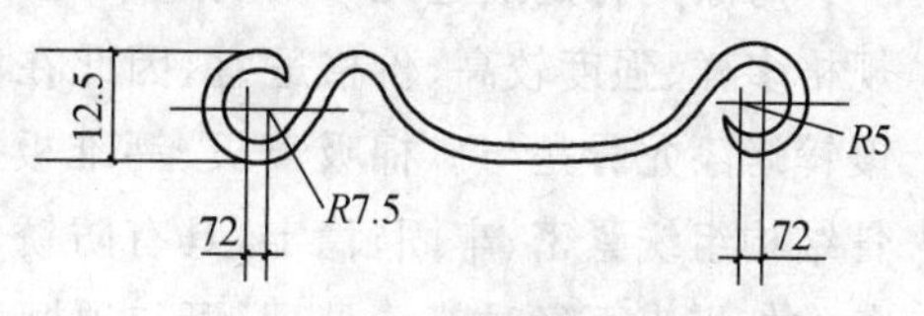

图2-3 门帘板横断面图

钢门帘板不仅坚固耐久、整体性

好，而且具有极好的装饰、美观作用，还具有良好的防盗性。这种钢材装饰材料，可以广泛用于商场、仓库及银行建筑的大门或橱窗设施。

八、轻钢龙骨

轻钢龙骨是目前装饰工程中最常用的顶棚和隔墙的骨架材料，是用镀锌钢板和薄钢板，经剪裁、冷弯、滚轧、冲压而成，是木骨架的换代产品。

1. 轻钢龙骨的特点和种类

轻钢龙骨具有自重轻、防火性能优良、抗震及冲击性能好、安全可靠以及施工效率高等特点，已普遍用于建筑内的装饰，大面积顶棚、隔墙的室内装饰，现代化厂房的室内装饰，防火要求较高的娱乐场所和办公楼的室内装饰。

轻钢龙骨按其产品类型可分为C形龙骨、U形龙骨和T形龙骨。C形龙骨主要用来做隔墙，即在C形龙骨组成骨架后，两面再装配面板组成隔断墙；U形和T形龙骨主要用来做吊顶，即在U形和T形龙骨组成的骨架下，装配面板组成明架或暗架顶棚。

2. 隔墙轻钢龙骨

隔墙轻钢龙骨主要有Q50、Q75、Q100、Q150系列，Q75系列以下用于层高3.5 m以下的隔墙，Q75系列以上用于层高3.5～6.0 m的隔墙。

隔墙轻钢龙骨主件有沿顶、扫地龙骨、竖向龙骨、加强龙骨、通贯龙骨，配件有支撑卡、卡托、角托等。

隔墙轻钢龙骨主要适用于办公楼、饭店、医院、娱乐场所、影剧院的分隔墙和走廊隔墙。见图2-4。

3. 顶棚轻钢龙骨

轻钢龙骨顶棚按吊顶的承载能力可分为不上人吊顶和上人吊顶。不上人吊顶承受吊顶本身的重量，龙骨断面一般较小；上人吊顶不仅要承受自身的重量，还要承受人员走动的荷载，一般可以承受80～100 kg/ m^2 的集中荷载，常用于空间较大的影剧院、音乐厅、会议中心或有中央空调的顶棚工程。顶棚轻钢龙骨的主要规格有D38、D50、D60几种系列。轻钢龙骨吊顶主要用于饭店、办公楼、娱乐场所和医院等新建或改建工程中，如图2-5所示。

4. 烤漆龙骨

烤漆龙骨是最近几年发展起来的一个龙骨新品种，其产品新颖、颜色鲜艳、规格多样、强度较高、价格适宜，因此在室内顶棚装饰工程中被广泛采用。其中镀锌烤漆龙骨是与矿棉吸声板、钙维板等顶棚材料相搭配的新型龙骨材料。龙骨结构组织紧密、牢固、稳定，具有防锈不变色和装饰效果好等优良性能。龙骨条的外露表面经过烤漆处理，可与顶棚板材的颜色相匹配。

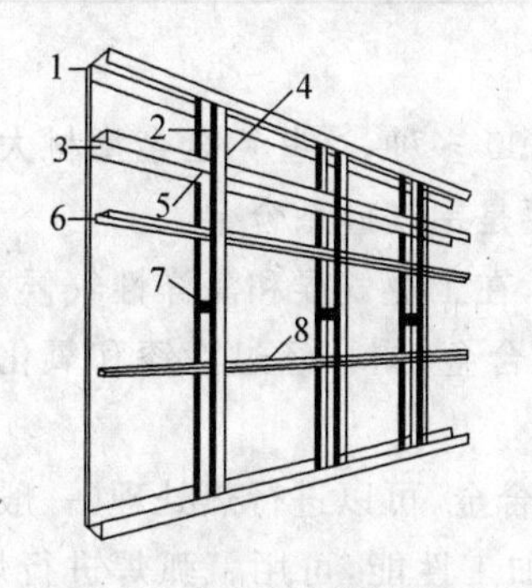

图 2-4　隔墙龙骨示意图

1—横龙骨；2—竖龙骨；3—通撑龙骨；
4—角托；5—卡托；
6—通贯龙骨；7—支撑卡；
8—通贯龙骨连接件

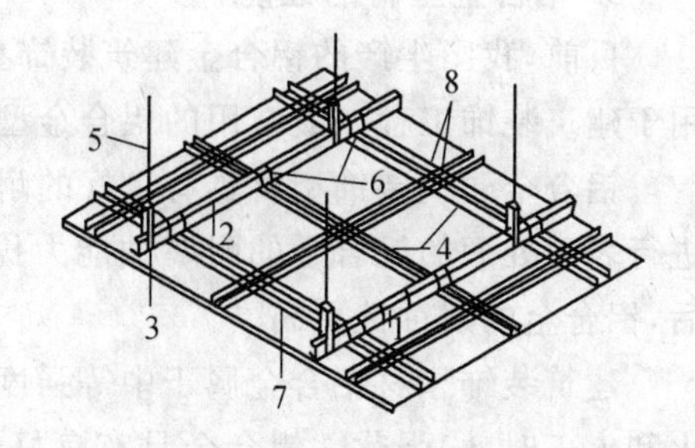

图 2-5　吊顶龙骨示意图

1—承载龙骨连接件；2—承载龙骨；
3—吊件；4—覆面龙骨；5—吊杆；
6—挂件；7—覆面龙骨；8—挂插件

烤漆龙骨与饰面板的顶棚尺寸固定（600 mm×600 mm，600 mm×1200 mm），可以与灯具有效地结合，产生装饰的整体效果，同时拼装面板可以任意拆装，因此施工容易，维修方便，特别适用于大面积的顶棚装修（如工业厂房、医院、商场等），达到整洁、明亮、简洁的效果。烤漆龙骨有 A 系列、O 系列和凹槽型 3 种规格，各系列又分主龙骨、副龙骨和边龙骨 3 种。

第二节　铝合金材料

目前，世界各工业发展国家在建筑装饰工程中大量采用了铝合金门窗、铝合金柜台、铝合金装饰板、铝合金吊顶等。近十几年来，铝合金更是突飞猛进发展，建筑业已成为铝合金的最大用户。

一、铝合金型材

1. 建筑装饰铝合金型材的生产

由于建筑装饰铝合金型材品种规格繁多，断面形状复杂，尺寸和表面要求严格，它和钢铁材料不同，在国内外的生产中，绝大多数采用挤压方法；当生产批量较大，尺寸和表面要求较低的中、小规格的棒材和断面形状简单的型材时，可以采用轧制方法。由此可见，建筑铝合金型材的生产方法，可分为挤压和轧制两大类，以挤压方法生产为主。

2. 建筑装饰铝合金表面处理

用铝合金制作的门窗，不仅自重轻，强度大，且经表面处理后，其耐磨性、耐蚀性、耐光性、耐气候性好，还可以得到不同的美观大方的色泽。常用的铝合金表面处理有：阳极氧化、表面着色处理。

3. 铝合金型材的性能

目前,我国生产的铝合金建筑装饰型材约300多种,这些铝合金型材大多数用于建筑装饰工程。最常用的铝合金型材,主要是铝镁硅系合金。

铝合金建筑装饰型材具有良好的耐蚀性能,在工业气候和海洋性气候下,未进行表面处理的铝合金的耐腐蚀能力优于其他合金材料,经过涂漆和氧化着色后,铝合金的耐蚀性更高。

建筑装饰型材铝合金属于中等强度变形铝合金,可以进行热处理(一般为淬火和人工时效)强化。铝合金具有良好的机械加工性能,可用氩弧焊进行焊接,合金制品经阳极氧化着色处理后,可着成各种装饰颜色。

二、铝合金门窗

铝合金门窗是将经表面处理的铝合金型材,经过下料、打孔、铣槽、攻丝、制窗等加工工艺而制成的门窗框料构件,然后再与连接件、密封件、开闭五金件一起组合装配而成。

1. 铝合金门窗的特点

铝合金门窗与其他材料(钢门窗、木门窗)相比,具有质量较轻、性能良好、色泽美观、耐腐蚀性强、维修方便、便于工业化生产等优点。

(1)质量较轻。

众多工程实践充分证明,铝合金门窗用材较省、质量较轻,每1 m^2 耗用铝型材质量平均只有8～12 kg(每1 m^2 钢门窗耗用钢材质量平均为17～20 kg),较钢木门窗轻50%左右。

(2)性能良好。

铝合金门窗较木门窗、钢门窗最突出的优点是密封性能好,其气密性、水密性、隔音性、隔热性都比普通门窗有显著的提高。在装设空调设备的建筑中,对防尘、隔音、保温、隔热有特殊要求的建筑,以及多台风、多暴雨、多风沙地区的建筑更宜采用铝合金门窗。

(3)色泽美观。

铝合金门窗框料型材表面经过氧化着色处理,可着银白色、金黄色、古铜色、暗红色、黑色、天蓝色等柔和的颜色或带色的条纹;还可以在铝材表面涂装一层聚丙烯酸树脂保护装饰膜,表面光滑美观,便于和建筑物外观、自然环境以及各种使用要求相协调。铝合金门窗造型新颖大方,线条明快,色调柔和,增加了建筑物立面和内部的美观。

(4)耐蚀性强、维修方便。

铝合金门窗在使用过程中,既不需要涂漆,也不褪色、不脱落,表面不需要维修。铝合金门窗强度高,刚性好、坚固耐用,零件使用寿命长,开闭轻便灵活、无噪音，现场安装工作量较小，施工速度快。

(5)便于工业化生产。

铝合金门窗从框料型材加工、配套零件及密封件的制作，到门窗装配试验都可以在工厂内进行，并可以进行大批量工业化生产，有利于实现铝合金门窗产品设计标准化、产品系列化、零配件通用化，有利于实现门窗产品的商业化。

2. **合金门窗的种类**

铝合金门窗的分类方法很多，按其用途不同进行分类，可分为铝合金窗和铝合金门两类。按开启形式不同进行分类，铝合金窗可分为固定窗、上悬窗、中悬窗、下悬窗、平开窗、滑撑平开窗、推拉窗和百叶窗等；铝合金门分为平开门、推拉门、地弹簧门、折叠门、旋转门和卷帘门等。

根据国家标准规定，各类铝合金门窗的代号见表 2-1。

表 2-1 **各类铝合金门窗代号**

门窗类型	代号	门窗类型	代号
平开铝合金窗	PLC	推拉铝合金窗	TLC
滑轴平开铝合金窗	HPLC	带纱推拉铝合金窗	ATLC
带纱平开铝合金窗	APLC	平开铝合金门	PL
固定铝合金窗	GLC	带纱平开铝合金门	SPLM
上悬铝合金窗	SLC	推拉铝合金门	TLM
中悬铝合金窗	CLC	带纱推拉铝合金订	STLM
下悬铝合金窗	XLC	铝合金地弹簧门	LIHM
立转铝合金窗	ILC	固定铝合金门	GLM

三、阻热铝合金门窗型材

当前世界能源问题越来越受到人们的重视，节能、可持续发展的要求促进了各种新材料和新构造方式的发展。由于铝材本身导热系数高，在阻热方面具有明显的缺陷，因此新型的阻热型铝合金门窗型材应运而生。

1. **型材阻热性的对比**

型材阻热性能对比见表 2-2。

表 2-2 **部分材料的导热系数对比表**

阻热材料	断热胶	隔热条	PVC	铝
K/(W/m·℃)	0.134	0.140	0.140	217

2. **铝合金门窗的常用型号、规格**

建筑装饰工程上所用铝合金门窗，应当根据设计的门窗尺寸进行制作。目前，生产铝合金门窗的厂家很多，生产的型号和规格更是五花八门，很不规范，质量差别很大。我国生产常用的定型铝合金门窗的型号、规格，见表2-3。

表2-3 铝合金门窗的型号、规格

名称	型号或类别	洞口尺寸/mm	备注
固定窗	O型、Ⅱ型	宽最大1800 高最大600	(1)O型和Ⅱ型的材料断面不同； (2)供货包括密封胶条、小五金在内
平开窗		宽最大1200 高最大1800	(1)设双道密封条，适用于有空调要求的房间； (2)根据需要可配纱窗； (3)开启方式有两侧开启，中间固定；中间开启，两侧固定；两侧开启，上腰头固定三种
推拉窗	两扇推拉窗	宽最大1800 高最大2100	(1)设双道密封条，适用于有空调要求的房间； (2)可组合大要带窗； (3)供货包括密封胶条、尼龙封条、滑轨、滑轮等在内
	四扇推拉窗	宽最大3000 高最大1800	
开平门		宽最大900 高最大2100	(1)设双道密封条、单方向开启，适用于有空调要求的房间； (2)供货包括密封胶条、锁、小五金在内
弹簧门		开启部分： 宽最大1800 高最大2100	(1)双扇对开、两侧单开和固定扇均可； (2)上腰头固定； (3)供货包括密封胶条、地弹簧、小五金在内
推拉门		根据用户 要求加工	供货包括密封胶条、尼龙封条、锁、滑轨、滑轮在内

注：1. 面洞口尺寸可根据需要用基本窗进行组合。

2. 铝材表面着色为银白色、青铜色和古铜色三种，可根据用户需要着色。

四、铝合金龙骨

1. 铝合金龙骨的种类

铝合金龙骨材料是装饰工程中用量最大的一种龙骨材料，它是以铝合金材料加工成型的型材。其不仅具有质量轻、强度高、耐腐蚀、刚度大、易加工、装饰好等优良性能，而且具有配件齐全、产品系列化、设置灵活、拆卸方便、施工效率高等优点。

铝合金龙骨按断面形式不同，可分为T形铝合金龙骨、槽形铝合金龙骨、LT形铝合金龙骨和圆形与T形结合的管形铝合金龙骨。装饰工程上常用的是T形铝合金龙骨，尤其是利用T形龙骨的表面光滑明净、美观大方，广泛应用龙骨底面外露或半露的活动式装配吊顶。

铝合金龙骨同轻钢龙骨一样，也有主龙骨和次龙骨，但其配件相对于轻钢龙骨较少。因此，铝合金龙骨也可常常与轻钢龙骨配合使用，即主龙骨采用轻钢龙骨,次龙骨和边龙骨采用铝合金龙骨。

按使用的部位不同,在装饰工程中常用的铝合金龙骨有铝合金吊顶龙骨、铝合金隔墙龙骨等。

2. **吊顶龙骨与隔墙龙骨**

(1)铝合金吊顶龙骨。

采用铝合金材料制作的吊顶龙骨,具有质轻、高强、不锈、美观、抗震、安装方便、效率较高等优良特点,主要适用于室内吊顶装饰。铝合金吊顶龙骨的形状,一般多为 T 形,可与板材组成 450 mm×450 mm、500 mm×500 mm、600 mm×600 mm 的方格,其不需要大幅面的吊顶板材,可灵活选用小规格吊顶材料。铝合金材料经过电氧化处理,光亮、不锈,色调柔和,非常美观大方。铝合金吊顶龙骨的规格和性能,如表 2-4 所示。

表 2-4 **铝合金吊顶龙骨的规格和性能**

名称	铝龙骨	铝平吊顶筋	铝边龙骨	大龙骨	配件
规格/mm^2	φ4 22 22 壁厚 1.3	22 22 壁厚 1.3	22 22 壁厚 1.3	45 15 壁厚 1.3	龙骨等的连接件及吊挂件
截面积/cm^2	0.775	0.555	0.555	0.870	
单位质量/(kg/m)	0.210	0.150	0.150	0.770	
长度/m	3 或 0.6 的倍数	0.596	3 或 0.6 的倍数	2	
机械性能	抗拉强度 210 MPa,延伸率 8%				

(2)铝合金隔墙龙骨。

铝合金隔墙是用大方管、扁管、等边槽、连接角等 4 种铝合金型材做成墙体框架,用较厚的玻璃或其他材料做成墙体饰面的一种隔墙方式。4 种铝合金型材的规格,见表 2-5。

铝合金隔墙的特点是:空间透视很好,制作比较简单,墙体结实牢固,占据空间较小。它主要适用于办公室的分隔、厂房的分隔和其他大空间的分隔。

表 2-5 **铝合金隔墙型材的规格**

序号	型材名称	外形截面尺寸长×宽/mm× mm	每 1 m 质量/kg
1	大方管	76.2×44.45	0.894
2	扁管	76.2×25.4	0.661
3	等槽	12.7×12.7	0.100
4	等角	31.8×31.8	0.503

五、铝合金装饰板

铝合金装饰板属现代流行的建筑装饰材料，具有质量轻、不燃烧、耐久性好、施工方便、装饰华丽等优点，适用于公共建筑室内外的装饰饰面。目前产品规格有：开放式、封闭式、波浪式、重叠式和藻井式、内圆式、龟板式。颜色有银白色、古铜色、金黄色、茶色等。下面介绍几种常用铝合金装饰板。

1. 铝合金条型压型板

条形压型板又称扣板，其宽度为100～200 mm，长度为2000～3000 mm，铝合金板厚0.5～1.5 mm，有银白、红、蓝等多种色彩。其安装固定是利用条板两侧压型、正咬口搭接、扣接或插接。

2. 铝合金波纹板

铝合金波纹板的性能与规格见表2-6。

表2-6　**铝合金压型板规格**

规格				性能指标				
波形	长度/mm	宽度/mm	厚度/mm	材质	抗拉强度/MPa	伸长率/(%)	弹性模量/MPa	线膨胀系数/(10^{-6}/℃)
W33—131	1700 3200	1088	0.7 0.8	纯铝Y	≥14	≥3	7×10^4	24
V60—187.5	3200 6200	826	0.9 1.0 1.2	防锈铝LF21Y	≥19	≥3	7×10^3	23.2

(3)铝合金装饰格子板。

铝合金装饰格子板的性能与规格见表2-7。

表2-7　**铝合金装饰格子板的规格、性能**

规格/mm	性能指标				
	材质	抗拉强度/MPa	伸长率/(%)	弹性模量/MPa	线膨胀系数/(10^{-6}/℃)
275×410×0.8 415×600×0.8 420×240×0.8	纯铝Y	≥14	≥3	7000	24
436×610 ×0.8 480×270 ×0.8	铝合金LF21Y	≥19	≥3	7000	23.2

铝合金装饰格子板可以压成各种凹凸变形的形状和几何图案，既美观又增加了板材的刚度，格子板形式见图2-6。

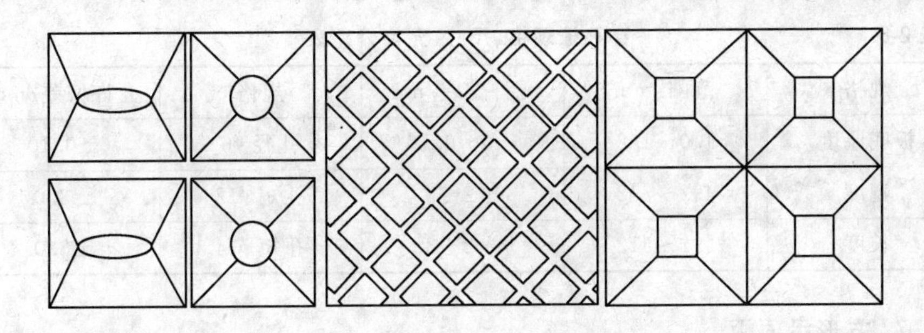

图 2-6 铝合金格子板图案

4. 铝合金花纹板

铝合金花纹板是采用防锈铝合金等坯料,用特制的花纹轧辊轧制而成。花纹图案有 1 号方格形花纹板,2 号扁豆形花纹板,3 号五条形花纹板,4 号三条形花纹板,5 号指针形花纹板,6 号菱形花纹板。它的花纹美观大方,筋高适中,不易磨损,防滑性能好,防蚀性能强,也便于冲洗。花纹板板材平整,裁剪尺寸准确,便于安装,广泛应用于现代建筑物墙面、车辆、船舶、飞机等工业防滑或装饰部位。

5. 铝质浅花纹板

铝质浅花纹板是优良的建筑装饰材料之一。它的花纹精巧别致,色泽美观大方,除具有普通铝板共有的优点外,刚度提高 20%;抗污垢、抗划伤、抗擦伤能力均有提高,尤其是增加了立体图案和美丽的色彩。它是我国所特有的建筑装饰材料。

铝合金浅花纹板对白光反射率达 75%~90%,热反射率达 85%~95%。在氨、硫、硫酸、磷酸、亚磷酸、浓硝酸、浓醋酸中耐蚀性良好。通过电解、电泳等表面处理后可得到不同色彩的浅花纹板。浅花纹板采用的铝合金坯料与花纹板相同。

6. 铝合金穿孔板

铝合金穿孔板是用各种铝合金平板经机械穿孔而成。孔形根据需要有圆孔、方孔、长圆孔、长方孔、三角孔、大小组合孔等。这是近年来开发的一种降低噪声并兼有装饰效果的新产品。

铝合金穿孔板具有材质轻、耐高温、耐高压、耐腐蚀、防火、防潮、防震、化学稳定性好、造型美观、色泽幽雅、立体感强等优点,可用于宾馆、饭店、剧场、影院、播音室等公共建筑和高级民用建筑中以改善音质条件,也可用于各类车间厂房、机房、人防地下室等作为降噪材料。

穿孔板规格、尺寸、允许偏差见表 2-8。

表 2-8　　穿孔板规格、尺寸、允许偏差表

规格	范围/mm	允许偏差/mm	规格	允许偏差/mm
板底厚度	1.0～1.2	+0～0.16	孔径 $\phi6$	±0.10
宽度	492～592	+2～3	孔矩 $\phi12$	±3.0
长度	492～512	+2～3	孔矩 $\phi14$	±3.0

7. 方形吊顶板

方形吊顶板的结构特点见表 2-9。

表 2-9　　方形吊顶板的结构特点

名称	结构特点
T16—40 暗龙骨铝吊顶板	铝吊顶板可直接插入暗式龙骨中，具有施工方便，不用螺钉的特点。金属吊顶板采用 0.5 mm 薄铝板，经冷压成型后无光氧化处理。规格为 400 mm×400 mm，每块质量约 100 g 左右。具有体轻、防火、图案清晰、色调柔和、不锈等特点
方形组合吊顶板	吊顶全部由金属制成的标准零件组成。具有零件标准化，施工装配化，安装拆卸方便，材料可重复使用等特点。面材由金属制成 600×600 mm 的穿孔板，其吸音、通风、装饰效果好。上面放上隔热材料可起到隔热保温作用，具有金属屏蔽作用

8. 蜂巢结构铝幕墙板

这种蜂巢结构铝幕墙板内外表面层均为铝合金薄板，而中心层为铝箔、玻璃钢或纸蜂巢。这种板具有分格大、刚度强、平直、质轻（约 38 kg/m^2，包括龙骨质量）、隔音、隔热、表面颜色多样、抗酸碱等特点。与玻璃幕墙配合使用效果更佳。产品经青岛中银大厦、广州邮电通讯大厦、江西省人民银行营业大楼、光大重庆铝厂等建筑外墙装饰使用取得了良好的效果。

该产品的规格及承压强度：标准规格为 2400 mm×1180 mm，最大规格可加工至 400 mm×1200 mm，厚度按设计风压负荷及巢芯材质而定，一般为 21 mm。形状可加工成弧形或其他角度的产品。风压负荷为 1200 Pa 以内。

第三节　塑料装饰板

塑料具有金属的坚硬性、木材的轻便性、玻璃的透明性、陶瓷的耐腐蚀性，橡胶的弹性和韧性等特点，已广泛应用于建筑行业。

塑料装饰板是以树脂材料为基料或浸渍材料经一定工艺制成的具有装饰功

能的板材。塑料装饰板材重量轻，可以任意着色，可具有各种形状的断面和立面，用它装饰的外墙富有立体感，具有独特的建筑效果。另外，塑料护墙板或层面板可干法施工，施工轻便灵活，施工效率高。

塑料装饰板按其原料的不同可分为：塑料金属板、硬质聚氯乙烯建筑板材、玻璃钢板、三聚氰胺装饰层板、聚乙烯低发泡钙塑板、有机玻璃板、复合夹层板等。

按外形可分为：波形板主要用于屋面板和护墙板；异形板是具有异形断面的长条板板材，主要用作外墙护墙板；格子板是具有立体图案的方形或矩形板材，可用于装饰平顶和外墙；夹层板主要用于非承重墙和隔断墙。

一、硬质聚氯乙烯建筑板材

硬质聚氯乙烯板的耐老化性能好，具有自熄性；经改性的硬质聚氯乙烯抗冲击强度也能符合建筑上的要求。

作为护墙板或层面板，除各种建筑上的要求如隔热、防水、透光等外，还要求它们具有足够的刚性，能成为自身支撑的材料，能较简单地固定。同时，由于聚氯乙烯的热膨胀系数较大，除了从安装方法解决这一问题外，在板材断面结构设计上也应加以考虑。对护墙板这类材料来说，应尽可能用少量的材料达到足够的刚性，它才能与传统材料竞争。硬质聚氯乙烯板材具有三种形式，即波形板、异形板和格子板。

1. 硬质聚氯乙烯波形板

这种板材有两种基本结构。一种是纵向的波形板，其宽度为 900～1300 mm，长度没有限制，从运输的角度考虑，一般最长为 5 m。另一种是横向波形板，宽度为 500～800 mm，横向的波形尺寸较小，可以卷起来，每卷长为10～30 m。硬质聚氯乙烯波形板的波形尺寸一般与石棉水泥板、塑料金属板、玻璃钢的相同，必要时可与这些材料配合使用。

硬质聚氯乙烯波形板的厚度为 1.2～1.5 mm，有透明和不透明两种。透明聚氯乙烯波形板的透光率为 75%～85%，不透明聚氯乙烯波形板可任意着色。

彩色硬质聚氯乙烯波形板可作外墙，特别是阳台栏板和窗间墙装饰，鲜艳的色彩可给建筑物的立面增色。透明聚氯乙烯横波板可以作为吊平顶使用，上面放灯可使整个平顶发光。纵波聚氯乙烯波形板长度不受限制，可以做成拱形屋面，中间没有接缝，水密性好，用作小型游泳池屋面尤为适宜。

2. 硬质聚氯乙烯异形板

这种异形板有两种基本结构。

(1)一种是单层异形板，它有各种形状的断面，一般做成方形波，以增强立面上的线条，在它的两边可用钩槽或插入配合的形式使接缝看不出来。型材的一边有一个钩形的断面，另一边有槽形的断面，连接时钩形的一边嵌入槽内，中间有一段重叠区，这样既能达到水密的目的，又能遮盖接缝，使这种柔性的连接能充裕地适应型材横向的热伸缩。由于采用重叠连接的方式，这种异形板也称为波迭板。为适应板材的热伸缩，它的宽度不宜太大，一般为 100～200 mm，长度虽没有限制，但由于运输的限制，最长为 6 m，厚度为 1～1.2 mm。

(2)另一种是中空异形板材。它们之间的连接一般采用企口的形式。在型材的一边有凸出的肋，另一边有凹槽，其刚度远比单层异形板高。

硬质聚氯乙烯异型板的安装施工采用干法，完全用机械固定的方法，从而减少了现场的湿作业。它作为窗间墙、楼间墙的外墙装饰，具有独特的装饰效果。

硬质聚氯乙烯板材必须注意两个问题：①要充分考虑聚氯乙烯的热伸缩，可采用柔性固定的方法。格栅为镀锌型钢材，上面用一些卡子固定异形板，这样纵向可以自由伸缩，横向是插入式连接，可有充分伸缩余地。也可用螺钉或钉子将异型板固定在格栅上，但应注意异形板上的螺钉孔应开成椭圆形，钉子不要钉得太死，以便异形板在纵向上有伸缩余地。②还要考虑夹层通风。护墙板用格栅固定，格栅的材料可以用木材、轻金属。型钢格栅与墙体的连接要牢固可靠，对木材和型钢要采取防腐措施。格栅之间的距离由护墙板的尺寸和结构决定。在护墙板和墙体之间形成的空气夹层，它有助于提高墙体的隔热功能。但安装护墙板的格栅时，要防止空气夹层被阻断，否则潮气就无法上升、通过对流排出。对于异形板，格栅可以水平排布、垂直排布，无论怎么做都不会影响夹层通风。与格子板相比，格栅系统要简单的多，它施工速度较快，能形成表面有直线条的平顶。

3. 硬质聚氯乙烯格子板

格子板是用真空成型方法将硬质聚氯乙烯平板变为具有各种立体图案的方形或矩形的板材。经真空成型后，板材刚性提高，而且能吸收聚氯乙烯的热伸缩。用格子板装饰大型建筑的正立面，如体育场的人口、宾馆门厅进口等处的立面具有独特的建筑效果。

各种类型的格子板很容易用真空成型法加工。格子板尺寸一般为 500 mm×500 mm，也有更大尺寸的。一块板上有两个以上格子的为多格子板，厚度一般有 2～3 mm。格子板之间的平面部分在雨天时作为泄水通道。

二、玻璃钢建筑板材

玻璃钢属塑料制品范畴，玻璃钢的成型方法简单，可制成具有各种断面的型材或格子板。它与硬质聚氯乙烯板材相比，其抗冲击性能、抗弯强度、刚性都较好；此外它的耐热性、耐老化性也较好，热伸缩较小；其透光性与聚氯乙烯相近且具有散射光的性能，作屋面采光板时，室内光线较柔和。玻璃钢板如果成型工艺控制不好，从外观上看其表面会显得粗糙不平。

1. 玻璃钢波形板

玻璃钢波形板的形状尺寸与硬质聚氯乙烯波形板的相同，也可以与石棉水泥板等配合使用。目前国内生产的玻璃钢波形板大多为弧形板，中波板波距为131 mm，波高为33 mm；小波板波距为63.5 mm，波高为16 mm，板长度为1800～2400 mm，板宽度为720～745 mm。

玻璃钢波形板有透明板、半透明板和不透明板几种，可着色，从而达到装饰效果。

由于玻璃钢波形板的抗冲击性好、重量轻，它已广泛被用作屋面板，尤其是作为采光屋面板。

2. 玻璃钢格子板

透明或半透明的玻璃钢拱形格子板常用在大跨度的工业厂房上作屋面采光天窗。

3. 玻璃钢折板

玻璃钢折板是由不同角度的玻璃钢板构成的构件。折板结构本身具有支撑能力，不需要框架或屋架。对于小跨度的建筑使用这种折板，折板的厚度不大，但能承受较高的负载。

折板结构是由许多L形的折板构件拼装而成，墙面和屋面连成一片，使建筑物显得新颖别致，用它可建造小型建筑，如候车亭、休息室等。

玻璃钢由于可以在室温下固化成型，不需加压，所以很容易加工成较大的装饰板材，作为外墙装饰。

三、复合夹层板

前面论述的几种板材大都为单层结构，只能贴在墙上起围护和装饰作用。复合夹层板则具装饰性和隔声、隔热等墙体功能。用塑料与其他轻质材料复合制成的复合夹层墙板的重量轻，是理想的轻板框架结构的墙体材料。

1. 玻璃钢蜂窝和折板结构

它的面板为玻璃钢平板。夹芯层为蜂窝或折板，材料可以是纸或玻璃布等。

2. 泡沫塑料夹层板

它的面板为塑料金属板，它赋予板材较高强度，起防水、围护和装饰作用。它可以是平板，但多数是波形的，使立面有立体感和线条感。它的芯材为泡沫塑料，目前常用的是聚氨酯硬泡沫，具有密度小、隔热隔声性能好、可以在生产时现场发泡等特点，同时可与板面粘结。

这种复合夹层板是很好的墙体材料，既有优良的保温隔热性能，在热带和寒冷地区使用均适宜，又有很好的装饰效果，图2-7为夹层板结构。

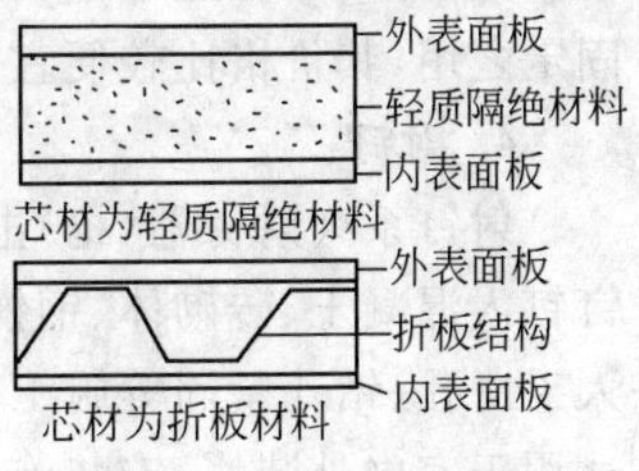

图2-7 夹层板结构

第四节　金属连接材料

一、常用室内装修小五金连接材料

室内装修小五金连接材料的种类很多，常用的有圆钉、木螺钉、自攻螺钉、射钉、螺栓等。

1. 圆钉类

（1）圆钉，是一种极其普通而常用的小五金连接材料，主要用于木质结构的连接。

（2）麻花钉。钉身有麻花花纹，钉着力特别强，适用于需要钉着力强的地方，如家具的抽斗部位、木质天花吊杆等。

（3）拼钉。又称榄形钉或枣核钉，外形为两头呈尖锥状，主要适于木板拼合时作销钉用。

（4）水泥钢钉。采用优质钢材制造而成，其具有坚硬、抗弯等优良性能，可用锤头等工具直接钉入低强度的混凝土、水泥砂浆和砖墙，适用于建筑、安装行业等的装修。

2. 木螺钉

木螺钉按其用途不同，可分为沉头木螺钉、半沉头木螺钉、半圆头木螺钉等。

（1）沉头木螺钉。又称平头木螺钉，适用于要求紧固后钉头不露出制品表面之用。

（2）半圆头木螺钉。半圆木螺钉顶端为半圆形，该钉拧紧后不易陷入制品里面，钉头底部平面积较大，强度比较高，适用于要求钉头强度高的地方，如木结构棚顶钉固铁蒙皮之用。

（3）半沉头木螺钉。半沉头木螺钉形状与沉头木螺钉相似，但该钉被拧紧以后，钉头略微露出制品的表面，适用于要求钉头强度较高的地方。

3. 自攻螺钉

自攻螺钉，钉身螺牙齿比较深，螺距宽、硬度高，可直接在钻孔内攻出螺牙齿，可减少一道攻丝工序，提高工效，适用于装饰的软金属板、薄铁板构件的连接固定之用，其价格比较便宜，常用于铝合金门窗的制作中。

4. 射钉

射钉系列射钉器（枪）击发射钉弹，使火药产生燃烧，释放出一定能量，把射钉钉入混凝土、砖砌体、钢铁上，将需要固定的物体固定上去。射钉紧固技术与人工凿孔、钻孔紧固等施工方法相比，既牢固又经济，并且大大减轻了劳动强度，适用于室内外装修、安装施工。射钉有各种型号，可根据不同的用途选择使用。

根据射钉的长短和射入深度的要求，可选用不同威力的射钉弹。

5. 螺栓

装修工程用的螺栓分为塑料和金属两种，常用的是金属螺栓，可以代替预埋螺栓使用。

(1)塑料胀锚螺栓。

塑料胀锚螺栓系用聚乙烯、聚丙烯塑料制造，用木螺钉旋入塑料螺栓内，使其膨胀压紧钻孔壁而锚固物体。它适用于锚固各种拉力不大的物体。

(2)金属胀锚螺栓。

金属胀锚螺栓又称拉爆螺栓，使用时将螺栓塞入钻孔内，施紧螺母拉紧带锥形的螺栓杆，使套管膨胀压紧钻孔壁而锚固物体。这种螺栓锚固力很强，适用于各种墙面、地面锚固建筑配件和物体。

6. 铆钉

铆钉是建筑装饰工程中最常用的连接件，其品种规格非常多，主要品种有：开口型抽芯铆钉、封闭型开口铆钉、双鼓型抽芯铆钉、沟槽型抽芯铆钉、环槽铆钉和击芯铆钉。

(1)开口型抽芯铆钉。

开口型抽芯铆钉是一种单面铆接的新颖紧固件。各种不同材质的铆钉，能适应不同强度的铆接，广泛适用于各个紧固领域。开口型抽芯铆钉具有操作方便、效率较高、噪音较低等优点。

(2)封闭型抽芯铆钉。

封闭型抽芯铆钉也是一种单面铆接的新颖紧固件。不同材质的铆钉，适用于不同场合的铆接，广泛用于客车、航空、机械制造、建筑工程等。

(3)双鼓型抽芯铆钉。

双鼓型抽芯铆是一种盲面铆接的新颖紧固件。这种铆钉具有对薄壁构件进行铆接不松动、不变形等优良特点，铆接完毕后两端均呈鼓形，由此称为双鼓型抽芯铆钉，广泛应用于各种铆接领域。

(4)沟槽型抽芯铆钉。

沟槽型抽芯铆钉也是一种盲面铆接的新颖紧固件，适用于硬质纤维、胶合板、玻璃纤维、塑料、石棉板、木材等非金属构件的铆接。它与其他铆钉的区别在于表面带槽形，在盲孔内膨胀后，沟槽嵌入被铆构件的孔壁内，从而起到铆接作用。

(5)环槽铆钉。

环槽铆钉为一种新颖的紧固件，采用优质碳素结构钢制成，机械强度高，其最大的特点是抗震性好，能广泛用于各种车辆、船舶、航空、电子工业、建筑工程、机械制造等紧固领域。铆接时必须采用专用拉铆工具，先将铆钉放入钻好孔的工件内，套上套杆，铆钉尾部插入拉铆枪内，枪头顶住套环，在力的作用下，套环逐渐变形，直至钉子尾部在槽口断裂，拉铆工序完成。这种铆钉操作方便、生产效率高、噪声较低、铆接牢固。

(6)击芯铆钉。

击芯铆钉是一种单面铆接的紧固件，广泛用于各种客车、航空、船舶、机械制造、电讯器材、铁木家具等紧固领域。铆接时，将铆钉放入钻好的工件内，用手锤敲击钉芯至帽檐端面，钉芯敲入后，铆钉的另一端即刻朝外翻成四瓣，将工件紧固。操作简单、效率较高、噪音较低。

二、电焊条

钢结构除用螺栓连接和铆钉连接外，焊条电弧焊是最常用的连接方法。一般焊条电弧焊所使用的焊条为普通电焊条，由焊芯和药皮(涂料)两部分组成。焊芯起导电和填充焊缝的作用，药皮则用于保证焊接顺利进行，并使焊缝具有一定的化学成分和力学性能。在建筑装饰工程中，最常用的电焊条是焊接结构钢的焊条。

1.电焊条的组成

(1)焊芯。

焊芯是组成焊缝金属的主要材料。它的化学成分和非金属夹杂物的多少，将直接影响着焊缝的质量。因此，结构钢焊条的焊芯应符合国家标准《熔化焊用钢丝》(GB/T 14957—1994)和《气体保护焊用钢丝》(GB/T 14958—1994)的要求。

焊芯具有较低的含碳量和一定的含锰量，含硅量控制较严，硫、磷的含量则控制更严。焊芯牌号中带“A”字母者，其硫、磷的含量均不能超过0.03%。焊芯的直径即称为焊条的直径，我国生产的电焊条最小直径为1.6 mm，最大为8 mm，其中以3.2～5 mm的电焊条应用最广。

(2)药皮。

焊条药皮在焊接过程中的主要作用是提高电弧燃烧的稳定性，防止空气对熔化金属的有害作用，对熔池脱氧和加入元素，以保证焊缝金属的化学成分和力学性能。

2.焊条的种类、型号和牌号

焊接的应用范围越来越广泛，为适应各个行业的需求，使各种材料可达到不同性能要求，焊条的种类和型号非常多。我国将焊条按化学成分划分为七大类，即碳钢焊条、低合金钢焊条、不锈钢焊条、堆焊焊条、铸铁焊条及焊丝、铝及铝合金焊条、铜及铜合金焊条等。其中应用最多的是碳钢焊条和低合金钢焊条。

焊条型号是国家标准中代号。碳钢焊条型号见(GB/T 5117—1995)，如E4303、E5015、E5016等。“E”表示焊条；前两位数字表示焊缝金属的抗拉强度等级;第三位数字表示焊条的焊接位置。"0"及"1"表示焊条适用于全位置焊接(平、立、仰、横),"2"表示焊条适用于平焊及平角焊,"4"表示焊条适用于向下立焊;第三位和第四位数字组合时表示焊接电流种类及药皮类型,如"03"为钛钙型药皮,交流或直流正、反接,"15"为低氢钠型药皮,直流反接,"16"为低氢钾型药皮,交流或直流反接。低合金钢焊条型号中的四位数字之后,还标出附加合金元素的化学成分。

焊条牌号是焊条行业统一的焊条代号。焊条牌号一般用一个大写拼音字母和三个数字表示,如 J422、J507 等。拼音字母表示焊条的大类,如"J"表示结构钢焊条(碳钢焊条和普通低合金钢焊条),"A"表示奥氏体不锈钢焊条,"Z"表示铸铁焊条等;前两位数字表示各大类中的若干小类,如结构钢焊条前两位数字表示焊缝金属抗拉强度等级,其等级有 42、50、55、60、70、75、80 等,分别表示其焊缝金属的抗拉强度大于或等于 420 MPa、500 MPa、550 MPa、600 MPa、700 MPa、750 MPa、800 MPa;最后一个数字表示药皮类型和电流种类,见表 2-10 中所示,其中 1 至 5 为酸性焊条,6 和 7 为碱性焊条。其他焊条牌号的表示方法,见国家机械工业委员会所编写的《焊接材料产品样本》。

表 2-10 焊条药皮类型和电源种类编号

编号	1	2	3	4	5	6	7	8
药皮类型	钛型	钛钙型	钛铁矿型	氧化铁型	纤维素型	低氢钾型	低氢钠型	石墨型
电源种类	直流或交流	交、直流	交、直流	交、直流	交、直流	交、直流	直流	交、直流

焊条还可按熔渣性质分为酸性焊条和碱性焊条两大类。药皮熔渣中酸性氧化物(如 SiO_2、TiO_2、Fe_2O_3)比碱性氧化物(如 CaO、FeO、MnO),多的焊条称为酸性焊条。此类焊条适合各类电源,其操作性能好,电弧稳定,成本较低,但焊缝的塑性和韧性稍差,渗合金作用弱,故不宜焊接承受动荷载和要求高强度的重要结构件。熔渣中碱性氧化物比酸性氧化物多的焊条称为碱性焊条。此类焊条一般要求采用直流电源,焊缝塑性及韧性好,抗冲击能力强,但可操作性差,电弧不够稳定,且价格较高,故只适合焊接重要结构件。

3. 焊条的选用原则

选用焊条通常是首先根据焊件化学成分、力学性能、抗裂性、耐腐蚀性以及高温性能等要求,选用相应的焊条种类;然后再根据焊接结构形状、受力情况、焊接设备和焊条价格等,来选定具体的焊条型号。在具体选用焊条时,一般应遵循以下原则。

(1)低碳钢和普通低合金钢构件,一般都要求焊缝金属与母材等强度,因此可根据钢材的强度等级来选用相应的焊条。但必须注意,钢材是按屈服强度确定等级的，而结构钢焊条的强度等级是指金属抗拉强度的最低保证值。

(2)同一强度等级的酸性焊条或碱性焊条的选定，主要应考虑焊接件的结构形状(简单或复杂)、钢板厚度、载荷性质(动荷或静荷)和钢材的抗裂性要求而定。通常对要求塑性好、冲击韧性高、抗裂能力强或低温性能好的结构，要选用碱性焊条。如果构件受力不复杂、母材质量较好，应尽量选用较经济的酸性焊条。

(3)低碳钢与低合金钢结构钢混合焊接，可按异种钢接头中强度较低的钢材来选用相应的焊条。

(4)铸钢的含碳量一般都比较高，而且厚度较大，形状比较复杂，很容易产生焊接裂纹。一般应选用碱性焊条，并采取适当的工艺措施(如预热)进行焊接。

(5)焊接不锈钢或耐热钢等有特殊性能要求的钢材，应选用相应的专用焊条，以保证焊缝的主要化学成分和性能与母材相同。

第五节　其他材料

除以上最常用的建筑装饰钢材材料和铝合金装饰材料外，还常用其他金属装饰材料，如金属装饰线条和铁艺制品等。

一、金属装饰线条

金属装饰线条是室内外装饰工程中的重要装饰材料，常用的金属装饰线条有铝合金线条、铜线条、不锈钢线条等。

1. 铝合金装饰线条

铝合金装饰线条是用纯铝加入锰、镁等合金元素后，挤压而制成的条状型材。

(1)铝合金线条的特点。

铝合金线条具有轻质、高强、耐蚀、耐磨、刚度大等优良性能。其表面经过阳极氧化着色表面处理，有鲜明的金属光泽，耐光和耐气候性能良好。其表面还涂以坚固透明的电泳漆膜，涂后会更加美观、适用。

(2)铝合金线条的用途。

铝合金线条可用于装饰面的压边线、收口线，以及装饰画、装饰镜面的框边线。在广告牌、灯光箱、显示牌上当作边框或框架，在墙面或天花面作为一些设备的封口线。铝合金线条还可用于家具上的收边装饰线、玻璃门的推拉槽、地毯的收口线等方面。

(3)铝合金线条的品种。

铝合金装饰线条的品种很多，主要的可归纳为角线条、画框线条、地毯收口线条等几种。角线条又可分为等边角线条和不等边角线条两种。

2. 铜装饰线条

铜装饰线条是用铜合金“黄铜”制成的一种装饰材料。

(1)铜装饰线条的特点。

铜装饰线条是一种比较高档的装饰材料,它具有强度高、耐磨性好、不锈蚀,经加工后表面有黄金色光泽等特点。

(2)铜装饰线条的用途。

铜装饰线条主要用于地面大理石、花岗石、水磨石地面的间隔线,楼梯踏步的防滑线,楼梯踏步的地毯压角线,高级家具的装饰线等。

3. 不锈钢装饰线条

不锈钢装饰线条是以不锈钢为原料,经机械加工而制成,是一种比较高档的装饰材料。

(1)不锈钢线条的特点。

不锈钢装饰线条具有高强度、耐腐蚀、表面光洁如镜、耐水、耐擦、耐气候变化等优良性能。

(2)不锈钢线条的用途。

不锈钢装饰线条的用途目前并不十分广泛,主要用于各种装饰面的压边线、收口线、柱角压线等处。

(3)不锈钢线条的品种。

不锈钢线条主要有角形线和槽线两类。

二、铁艺制品

铁艺制品是用铁制材料经锻打、弯花、冲压、铆焊、打磨、油漆等多道工序制成的装饰性铁件,可用作铁制阳台护栏、楼梯扶手、庭院豪华大门、室内外栏杆、艺术门、屏风、家具及装饰件等,装饰效果新颖独特。

铁艺制品能起到其他装饰材料所不能替代的装饰效果。比如:装饰一扇用铁艺嵌饰的玻璃门,再配以居室的铁艺制品会烘托出整个居室不同凡响的效果;木制板材暖气罩易翘曲、开裂,使用铁艺暖气罩不但散热效果好,还能起到较好的装饰效果。

虽然铁艺制品非常坚硬,但在安装、使用过程中也应避免磕碰。这是因为一旦破坏了表面的防锈漆,铁艺制品很容易生锈,所以在使用中用特制的“修补漆”修补,以免生锈。铁艺制品属性为生铁锻造,因此尽可能不在潮湿环境中使用,并注意防水防潮。

目前市场上出售的铁艺制品在制作工艺上分为两类:一类是用锻造工艺,即以手工打制生产的铁艺制品,这种制品材质比较纯正,含碳量较低,其制品也较细腻,花样丰富,是家居装饰的首选;另一类是铸铁铁艺制品,这类制品外观较为粗糙,线条直白粗犷,整体制品笨重,这类制品价格不高,却更易生锈。

第三章 常用设备与机具

机具是保证金属加工施工质量的重要条件，是提高工效的基本保证。在建筑装饰工程中，金属工施工常用机具须完整齐备，才能保证装饰施工的正常进行。装饰工程的各个部分都离不开施工常用机具。

第一节 常用手工工具

(1)钢丝钳(图 3-1)。用于夹持或弯折薄片形、圆柱形金属零件及切断金属丝，其旁刃口也可用于切断细金属丝。分柄部不带塑料管和带塑料管两种。长度(mm)：160、180、200。

(2)鲤鱼钳(图 3-2)。用于夹持扁形或圆柱形金属零件，其钳口的开口宽度有两档调节位置，可以夹持尺寸较大的零件，刃口可切断金属丝，亦可代替扳手装拆螺栓、螺母。长度(mm)：125、150、165、200、250。

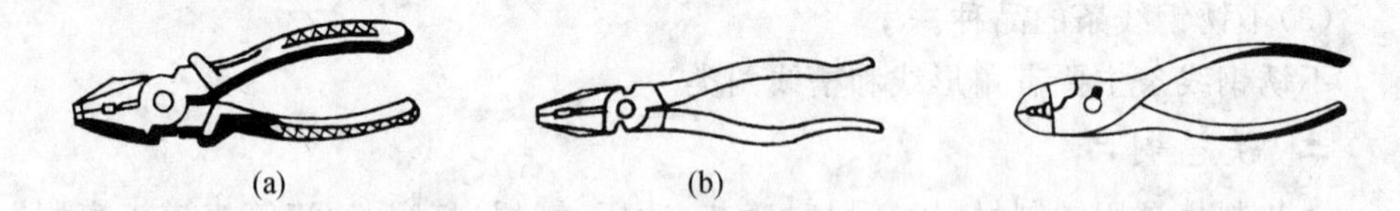

图 3-1 钢丝钳

(a)带塑料管钢丝钳；(b)不带塑料管钢丝钳

图 3-2 鲤鱼钳

(3)断线钳(图 3-3)。用于切断较粗的、硬度不大于 30HRC 的金属线材、刺铁丝及电线等。钳柄分有管柄式、可锻铸铁柄式和绝缘柄式等，见表 3-1。

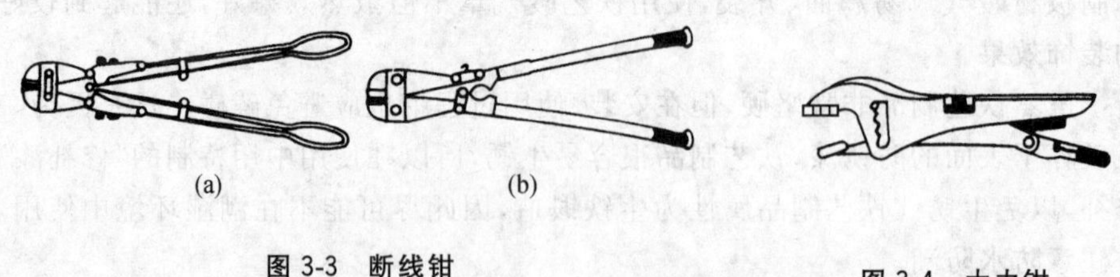

图 3-3 断线钳

(a)普通式(铁柄)；(b)管柄式

图 3-4 大力钳

(4)大力钳(图 3-4)。用以夹紧零件进行铆接、焊接、磨削等加工。其特点是钳口可以锁紧并产生很大的夹紧力，使被夹紧零件不会松脱；而且钳口有多挡调节位置，供夹紧不同厚度零件使用。另外，也可作扳手使用。长度×钳口最大开口(mm)：220×50。

表 3-1　　断线钳规格

规格/mm		300	350	450	600	750	900	1050
长度/mm		305	365	460	620	765	910	1070
剪切直径/mm	黑色金属	≤4	≤5	≤6	≤8	≤10	≤12	≤14
	有色金属(参考)	2～6	2～7	2～8	2～10	2～12	2～14	2～16

(5)普通台虎钳(图 3-5)。安装在工作台上，用以夹持工件，使钳工便于进行各种操作。回转式的钳体可以旋转，使工件旋转到合适的工作位置，规格见表 3-2。

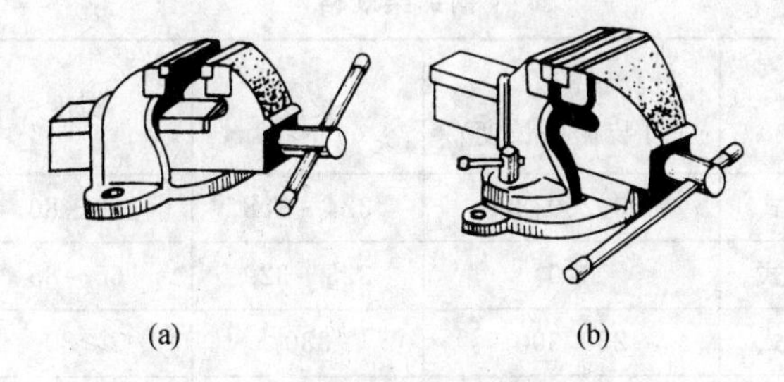

(a)　　(b)

图 3-5　普通台虎钳

(a)固定式；(b)转盘式

表 3-2　　普通台虎钳规格

规格		75	90	100	115	125	150	200
钳口宽度/mm		75	90	100	115	125	150	200
开口度/mm		75	90	100	115	125	150	200
外形尺寸/mm	长度	300	340	370	400	430	510	610
	宽度	200	220	230	260	280	330	390
	高度	160	180	200	220	230	260	310
夹紧力/kN	轻级	7.5	9.0	10.0	11.0	12.0	15.0	20.0
	重级	15.0	18.0	20.0	22.0	25.0	30.0	40.0

(6)钢锯架(图 3-6)。安装手用锯条后，用于手工锯割金属等材料，规格见表 3-3。

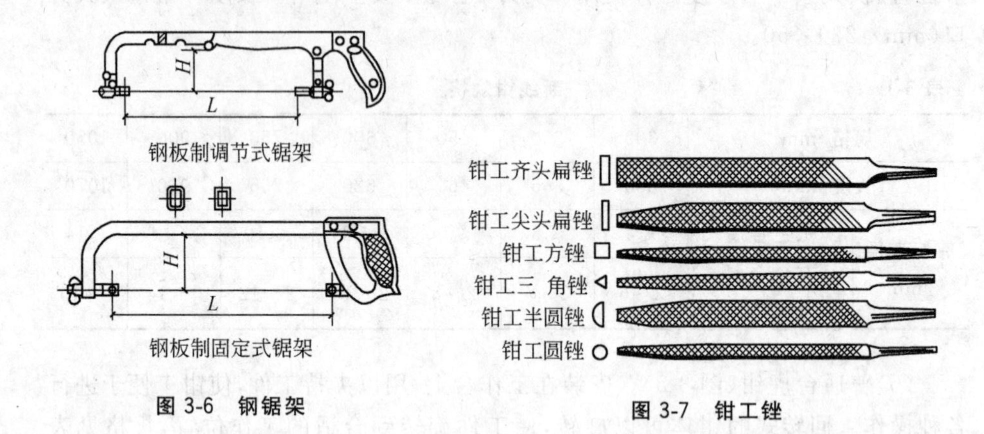

图 3-6 钢锯架

图 3-7 钳工锉

表 3-3 钢锯架规格 (单位：mm)

类型		规格 *L* (可装锯条长度)	长度	高度	最大锯切深度 *H*
钢板制	调节式	200,250,300	324～328	60～80	64
	固定式	300	325～329	65～85	
钢管制	调节式	250,300	330	≥80	74
	固定式	300	324	≥85	

(7)钳工锉(图 3-7)。用于锉削或修整金属工件的表面、凹槽及内孔。规格见表 3-4。

表 3-4 钳工锉规格 (单位：mm)

锉身长度	扁锉(齐头,尖头)		半圆锉			三角锉	方锉	圆锉
	宽	厚	宽	厚(薄型)	厚(厚型)	宽	宽	直径
100	12	2.5	12	3.5	4.0	8.0	3.5	3.5
125	14	3	14	4.0	4.5	9.5	4.5	4.5
150	16	3.5	16	5.0	5.5	11.0	5.5	5.5
200	20	4.5	20	5.5	6.5	13.0	7.0	7.0
250	24	5.5	24	7.0	8.0	16.0	9.0	9.0
300	28	6.5	28	8.0	9.0	19.0	11.0	11.0
350	32	7.5	32	9.0	10.0	22.0	14.0	14.0
400	36	8.5	36	10.0	11.5	26.0	18.0	18.0
450	40	9.5	—	—	—	—	22.0	—

第二节　常用施工机具

一、锯(切、割、截、剪)断机具

1. 电动曲线锯

电动曲线锯可以在金属、木材、塑料、橡胶皮条、草板材料上切割直线或曲线,能锯割复杂形状和曲率半径小的几何图形。锯条的锯割是直线的往复运动,其中粗齿锯条适用于锯割木材,中齿锯条适用于锯割有色金属板材、层压板,细齿锯条适用于锯割钢板。电动曲线锯由电动机、往复机构、风扇、机壳、开关、手柄、锯条等零件组成。

(1)特点。电动曲线锯具有体积小、质量轻、操作方便、安全可靠,适用范围广的特点,是建筑装饰工程中理想的锯割工具。

(2)用途。在装饰工程中常用于铝合金门窗安装,广告招牌安装及吊顶等。

(3)规格。电动曲线锯的规格及型号以最大锯割厚度表示。我国生产的回JIQZ-3 型曲线锯规格及锯条规格分别见表 3-5 及表 3-6。

表 3-5　　电动曲线锯规格

型号	电压/V	电流/A	电源频率/Hz	输入功率/W	锯割最大厚度/mm		最小曲率半径/mm	锯条负载往复次数/(次/分钟)	锯条往复行程/mm
					钢板	层压板			
回 JIQZ-3	220	1.1	50	230	3	10	50	1600	25

(4)操作注意事项。

1)为取得良好的锯割效果,锯割前应根据被加工件的材料选取不同齿锯的锯条。若在锯割薄板时发现工件有反跳现象,表明选用锯条齿锯太大,应调换细齿锯条。

2)锯条应锋利,并装紧在刀杆上。

3)锯割时向前推力不能过猛,转角半径不宜小于 50 mm。若卡住应立刻切断电源,退出锯条,再进行锯割。

4)在锯割时不能将曲线锯任意提起,以防锯条受到撞击而折断和损坏锯条中路。但可以断续地开动曲线锯,以便认准锯割线路,保证锯割质量。

5)应随时注意保护机具,经常加注润滑油,使用过程中发现不正常声响、火花、外壳过热、不运转或运转过慢时,应立即停锯,检查并修好后方可使用。

2. 型材切割机

型材切割机主要用于切割金属型材。它根据砂轮磨损原理。利用高速旋转的薄片砂轮进行切割,也可改换合金锯片切割木材、硬质塑料等,在建筑装饰施工中,多用于金属内外墙板、铝合金门窗安装、吊顶等工程。

(1)规格。

型材切割机由电动机(三相工频电动机)、切割动力头、变速机构、可转夹钳、砂轮片等部件组成。现在国内装饰工程中所用切割机多为国产的和日本产的,如J3G-400型、J3GS-300型,其主要参数见表3-6。

表3-6　　型材切割机型号及主要参数

型号		J3G-400型	J3CS-300型
电动机		三相工频电动机	三相工频电动机
额定电压/V		380	380
额定功率/kW		2.2	1.4
转速/(r/min)		2880	2880
极数		二级	二级
增强纤维砂轮片/mm		400×32×3	300×32×3
切割线速度/(m/min)		砂轮片 60	砂轮片 68　木工圆锯片 32
最大切割范围/mm	圆钢管、异型管	135×6	95×5
	槽钢、角钢	100×10	80×10
	圆钢、方钢	ϕ50	ϕ25
	木材、硬质塑料	—	ϕ90
夹钳可转角度		0°,15°,30°,45°	0～45°
切割中心调整量/mm		50	—
机身质量/kg		80	4

(2)使用注意事项。

1)使用前应检查切割机各部位是否紧固,检查绝缘电阻、电缆线、接切线以及电源额定电压是否与铭牌要求相符,电源电压不宜超过额定电压10%。

2)选择砂轮片和木工圆锯片,规格应与铭牌要求相符,以免电机超载。

3)使用时,要将被切割件装在可转夹锥上,开动电机,用手柄揿下动力头,即可切断型材,夹钳与砂轮片应根据需要调整角度。J3G4W型型材切割机的砂轮片中心可前后位移,调整砂轮片与切割型材的相应位置,调稳时只要将两个固定螺钉松开,调好后拧紧即可。

4)切割机开动后,应首先注意砂轮片旋转方向是否与防护罩上标出的方向一致,如不一致,应立即停车,调换插头中两支电源线。

5)操作时不能用力按手柄,以免电机过载或砂轮片崩裂。操作人员可握手柄开关,身体应倒向一旁。因有时紧固夹钳螺丝松动,导致型材弯起,切割机切割碎屑过大飞出保护罩,容易伤人。

6)使用中如发现机器有异常杂音,型材或砂轮跳动过大等应立即停机,检修后方可使用。

7)机器使用后应注意保存。

二、钻(拧)孔机具

1. 电钻

(1)电钻的特点及用途。

电钻是用来对金属、塑料或其他类似材料或工件进行钻孔的电动工具。电钻的特点是体积小,质量轻,操作快捷简便,工效高。对体积大、质量大、结构复杂的工件,利用电钻来钻孔尤其方便,不需要将工件夹固在机床上进行施工。因此,电钻是金属工施工过程中最常用的电动工具之一。为适应不同用途,电钻有单速、双速、四速和无级调整等种类。电动小电钻工作前检查卡头是否卡紧。工作物要放平放稳,小工件、薄工件应使用卡盘夹紧或用钳夹紧,然后再进行操作。

(2)电钻使用注意事项。

1)电动小电钻禁止用力过猛压钻柄或用管子套在手柄上加力。

2)手电钻的手提把和电源导线应经常检查,保持绝缘良好,电线必须架空,操作时戴绝缘手套。

3)手电钻应按出厂的铭牌规定,正确掌握电压功率和使用时间。如发现漏电现象、电机发热超过规定,转动速度突然变慢或有异声时,应立即停止使用,交电工检修。

4)手电钻钻头必须拧紧,开始时应轻轻加压,钻孔钻杆保持直线,不得翘扳或过分加压,以防断钻。

5)手电钻向上钻孔,只许用手顶托钻把,不许用头顶肩夹。

6)手电钻高空作业时,应搭设安全脚手架或挂好安全带。

7)手电钻先对准孔位后才开动电钻,禁止在转动中手扶钻杆对孔。

8)电动小电钻的手提把和电源导线就经常检查,保持绝缘良好,电线必须架空,操作时戴绝缘手套。

2. 冲击电钻

冲击电钻,亦称电动冲击钻。它是可调节式旋转带冲击的特种电钻,当把旋钮调到纯旋转位置时，装上钻头，就像普通电钻一样，可对钢制品进行钻孔；如把旋钮调到冲击位置，装上镶硬质合金冲击钻头，就可以对混凝土、砖墙进行钻孔。冲击电钻广泛应用于建筑装饰工程以及安装水、电、煤气等方面。

(1)规格。

冲击电钻的规格以型号及最大钻孔直径表示，见表 3-7。

表 3-7　冲击电钻规格型号

型号		回 JIZC-10 型	回 JIZC-20 型
额定电压/V		220	220
额定转速/(r/min)		≥1200	≥800
额定转矩/(N·min)		0.009	0.035
额定冲击次数/(次/min)		14000	8000
额定冲击幅度/mm		0.8	1.2
最大钻孔直径/mm	钢铁中混凝土	6	13
	制品中	10	20

(2)使用注意事项。

1)使用前应检查工具是否完好，电线有无破损，电源线在进入冲击电钻处有无橡皮护套。

2)按额定电压接好电源，根据冲击、电钻要求选择合适的钻头后，把调节按钮调好，将刀具垂直于墙面冲转。

3)使用时有不正常杂音应停止使用，如发现旋转速度突然降低，应立即放松压力。钻孔时突然刹停应立即切断电源。

4)移动冲击电钻时，必须握持手柄，不能拖拉橡皮软线，防止橡皮软线擦破、割破。使用中要防止其他物体碰撞，以防损坏外壳或其他零件。

5)使用后应放在阴凉干燥处。

3. 电锤

电锤在也叫冲击电钻，其工作原理同电动冲击钻，也兼具冲击和旋转两种功能。由单相串激式电机、传动箱、曲轴、连杆、活塞机构、保险离合器、刀夹机构、手柄等组成。

(1)特点。

电锤的特点是利用特殊的机械装置将电动机的旋转运动变为冲击、或冲击带旋转运动。按其冲击旋转的形式可分为：动能冲击锤、弹簧冲击锤、弹簧气垫锤、冲击旋转锤、曲柄连杆气垫锤和电磁锤等。

(2)用途。

电锤主要用于建筑工程中各种设备的安装，在装饰工程中可用于在砖石、混凝土结构上钻孔、开槽、粗糙表面，也可用来钉钉子、铆接、捣固、去毛刺等加工作业。另外，在现代装饰工程中用于铝合金门窗的安装，铝合金吊顶，石材安装等工程中。

(3)使用注意事项。

1)使用电锤打孔，工具必须垂直于工作面，不允许工具在孔内左右摆动，以免扭坏工具；使用中若需扳撬时，不应用力过猛。

2)保证电源和电压与铭牌中规定相符。且电源开关必须处于“断开”位置。如工作地点远离电源，可使用延长电缆。电缆应有足够的线径，其长度应尽量缩短。检查电缆线有无破裂漏电情况，并加以妥善良好的接地。

3)电锤的各连接部位紧固螺丝必须牢固；根据钻孔、开凿情况选择合适的钻头，并安装牢靠。钻头磨损后应及时更换，以免电机过载。

4)电锤多为断续工作制，切勿长期连续使用，以免烧坏电动机。电锤使用后应将电源插头拔离插座。

(4)维护与检修。

1)为了使电锤能经常工作，使用中必须对其进行经常仔细地维护和保养。

2)注入优质、耐热性能良好的润滑油。

3)注意勿使电机绕线受潮气、水分、油剂的侵袭。

4)电锤中的易损件应及时检查更换。

4. 风动冲击锤(nQ-A-20 型)

(1)结构特点。

采用 4 位 6 通手动单向球型转换阀门及 G7815 线型过滤器，结构小巧，工艺性能好，操作方便可靠。有旋转和往复冲击两个工作腔，通过齿轮进行有机结合，阀衬采用聚酯型泡沫塑料，密封性好，耐磨。

(2)用途。

主要供装上镶硬质合金冲击钻头或自钻式膨胀螺栓，对各种混凝土、砖石结构件进行钻孔，以便安装膨胀螺栓之用，从而代替预埋件，加快安装速度，提高劳动效率。广泛应用于建筑、机械、化工、冶金、电力设备和管道、电气器材等的安装工程。

三、锻压、焊接机具

锻压是制造机械零件毛坯的方法之一。锻压过程中，金属经塑性变形和再结晶后，压合了铸造组织的内部缺陷(如气孔、微裂纹等)，晶粒得以细化，组织致密，内部杂质呈纤维方向分布，改善和提高了材料的力学性能。

锻压生产主要应用在机械、电力、电器、仪表、电子、交通、冶金矿山、国防和日用品等工业部门。机械中受力大而复杂的重要零件，如主轴、曲轴、连杆、齿轮、凸轮、叶轮、叶片、炮筒和枪管等，一般都采用锻件作毛坯。

1. 锻压加工的锻

(1)自由锻。

自由锻是指只用简单的通用性工具，或在锻造设备的上下砧间直接使坯料变形而获得所需形状及质量的锻件的加工方法。

自由锻分手工锻和机器锻两种。机器锻是自由锻的基本方法。

自由锻是生产水轮发电机机轴、涡轮盘、船用柴油机曲轴、轧辊等重型锻件(重量可达 250t)唯一可行的方法，在重型机械制造厂中占有重要的地位。对于中小型锻件，从经济上考虑，只有在单件、小批生产时，采用自由锻才是合理的。

(2)模锻。

利用锻模使坯料变形而获得锻件的锻造方法，称为模锻。

模锻与自由锻相比，其优点是：锻件尺寸精度高，表面粗糙度值小，能锻出形状复杂的锻件；余量小，公差仅是自由锻件公差的 1/4～1/3，材料利用率高，节约了机加工时；锻件的纤维组织分布更为合理，力学性能高；生产率高，操作简单，易于机械化，锻件成本低。但是，锻模材料昂贵且制造周期长、成本高。

(3)胎模锻。

在自由锻设备上使用可移动模具生产模锻件的一种锻造方法，称为胎模锻。它是一种介于自由锻和模锻之间的锻造方法。胎模锻一般用自由锻方法制坯，在胎模中最后成形。胎模不固定在锤头或砧座上，需要时放在下砧铁上进行锻。

胎模锻与自由锻相比，具有生产率高，锻件尺寸精度高，表面粗糙度值小，余块少，节约金属，降低成本等优点。与模锻相比，具有胎模制造简单，不需贵重的模锻设备，成本低，使用方便等优点；但胎模锻件尺寸精度和生产率不如锤上模锻高，工人劳动强度大，胎模寿命短。胎模锻适于中、小批生产，在缺少模锻设备的中、小型工厂中应用较广。

(4)冲模。

1)简单模。

在压力机一次行程中只完成一个工序的模具。简单模结构较简单，易制造，成本低，维修方便，但生产率低。

2)复合模。

在压力机一次行程中，在模具的同一位置上，同时完成两道以上工序的模具。复合模生产率较高，加工零件精度高，适于大批量生产。

3)连续模。

在压力机一次行程中，在模具不同位置上，同时完成数道冲压工序的模具。

2. 锻压机械使用注意事项

(1)一般规定。

1)锻压机械装置的电机、电器及液压装置应按有关规定执行。

2)机械安装、布置应确保安全,场地应平整,车间应有防暑、降温、防寒设备。原料、半成品、成品及余料等不得堆积在机械近旁。

3)作业前,应检查:机械上受冲击部位无裂纹损伤;主要螺栓无松动;模具无裂纹;操纵机构、自动停止装置、离合器、制动器均灵活可靠;油路畅通。

4)作业中,不得用手检查工件和用样板核对尺寸。模具卡住工件时,不得用手解脱。严禁将手和工具伸进危险区内。

5)工件必须用钳子夹牢传送,不得投掷。

6)作业中,只能用扫帚或木棍清除机械上的氧化铁皮、边角料及剪切下的余料,不得用手或脚直接清除。

(2)空气锤及夹板锤。

1)作业前,应检查受振部分无松动,锤头无裂纹,润滑良好,油泵供油及管路系统工作正常。

2)作业前,应先试运转1～2分钟,冬季应先用手转动,然后启动。较长时间停用锻锤,启动前应先排出汽缸中的积水。

3)冬季车间温度较低时,应先将锤头、钳子、锻磨预热到60℃以上。

4)掌钳人员手指不得放在钳柄之间,并应牢牢夹紧工件,钳柄不得正对胸腹部。

5)锻打前,应先将工件表面和砧上的氧化铁皮清除。

6)司锤人员在工作中必须听从掌钳人员的指挥,不得随意开、停机械。

7)锻件未达到所需温度时,锻件放在砧上的位置不合乎要求时,锻件夹持不稳或不平时,均不得进行锻打。

8)作业中,应经常检查锤头、砧子,如不正常,应立即停机检查,检查前必须将锤头固定牢靠。

9)提升锤头的操纵杆,不得超过规定位置,应避免打空锤。不得冷锻或锤打过烧的工件。

10)切断工件时,切口正面严禁站人。

11)作业后,应将锤头提起,并将木板放在砧子上再将锤头落在木板上。

(3)平板机。

1)启动前,应检查各部润滑、紧固情况。按钢板厚度调整好轧辊。

2)平整钢板时,操作人员应站在机床两侧。严禁站在机床前后,或钢板上面。工件的表面应保持清洁,不得有熔焊的金属。

3)平整小块或长条工件时,应在两辊前放一块符合设备规格的钢板,作为垫板,将待平整的小块或长条工件放在垫板上进行平整,并经常注意垫板一端距离轧辊应不少于300 mm,并不得倾斜。

4)在垫板上放置的待平整的工件应相互错开，不得放置成一直线，两工件间的前后距离不得少于 100 mm。

5)平整工件时，应少量下降动轧辊。每次降下量以 1～2 mm 为限，并注意指针位置。

6)作业后，应放松轧辊，取出工件与垫板。

(4)卷板机。

1)作业中，操作人员应站在工件的两侧。

2)作业中，用样板检查圆度时，须停机后进行。滚卷工件到末端时，应留一定的余量。

3)作业中，工件上禁止站人，亦不得站在已滚好的圆筒上找正圆度。

4)滚卷较厚、直径较大的筒体或材料强度较大的工件时，应少量下降动轧辊并应经多次滚卷成型。

5)滚卷较窄的筒体时，应放在轧辊中间滚卷。

6)工件进入轧辊后，应防止人手和衣服被卷入轧辊内。

(5)剪板机。

1)启动前，应检查各部润滑、紧固情况，切刀不得有缺口，启动后空转 1～2 分钟，确认正常后，方可作业。

2)剪切钢板的厚度不得超过剪板机规定的能力。切窄板材时，应在被剪板材上压一块较宽钢板，使垂直压紧装置下落时，能压牢被剪板材。

3)应根据剪切板材厚度，调整上、下切刀间隙，切刀间隙不得大于板材厚度的 5%，斜口剪时不得大于 7%，调整后应用手转动及空车运转试验。

4)制动装置应根据磨损情况，及时调整。

5)一人以上作业时，须待指挥人员发出信号方可作业，送料时须待上剪刀停止后进行，严禁将手伸进垂直压紧装置的内侧。

6)送料时，应放正、放平、放稳，手指不得接近切口和压板。

3. 焊接生产

焊接是指通过加热或加压(或两者并用)，并且用或不用填充材料，使焊件达到原子结合的一种加工方法。它与机械连接(螺纹连接、铆接等)相比有着本质上的区别，即焊接是借助原子间的结合力来实现连接的。

焊接方法的种类很多，按焊接过程的特点分为熔焊、压焊和钎焊三大类。

(1)手工电弧焊。

手工电弧焊是用手工操纵焊条进行焊接的一种电弧焊方法(简称手弧焊)，其焊接过程如图 3-8。

在手弧焊过程中焊接电弧和熔池的温度比一般冶炼温度高；会使金属元素强烈蒸发和大量烧损；其次，出于焊接熔池体积小，从熔化到凝固时间极短，使各种化学反应难以达到平衡状态，焊缝中的化学成分不够均匀，气体和杂质来不及浮出，易产生气孔和夹渣缺陷。

为了保证焊缝金属的化学成分和力学性能，除了清除焊件表面的铁锈、油污及烘干焊条外，还必须采用焊条药皮、焊剂或保护气体（如二氧化碳、氦气）等，机械地把液态金属与空气隔开，以防止空气的有害作用。同时，也可通过焊条药皮、提芯（丝）或焊剂对熔化金属进行冶金处理，以去除有害杂质，添加合金元素，获得优质的焊缝金属。

（2）其他熔焊方法。

1）埋弧自动焊。

将手弧焊焊接过程中的引燃电弧、送进和移动焊丝、电弧移动等动作由机械化和自动化来完成，且电弧在焊剂层下燃烧的一种熔焊方法，称为埋弧自动焊（或熔剂层下自动焊），如图 3-9 所示。

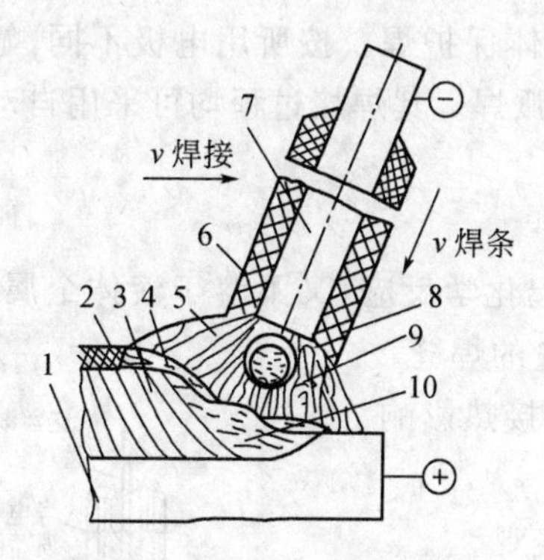

图 3-8　手弧焊焊接过程示意图

1—母材金属；2—渣壳；3—焊缝；
4—液态熔渣；5—保护气体层；
6—焊条药皮；7—焊芯；
8—熔滴；9—电弧；10—熔池

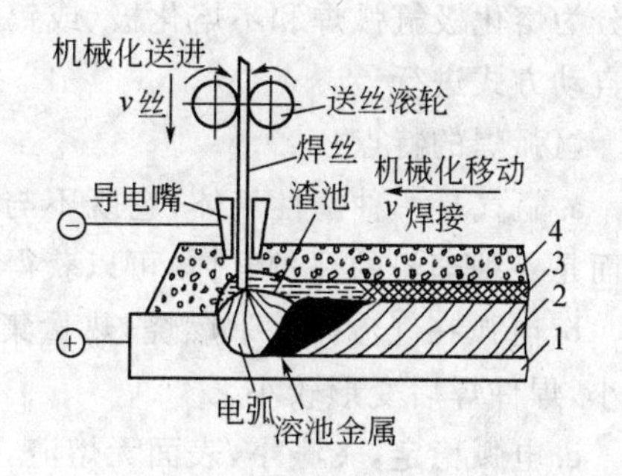

图 3-9　埋弧自动焊示意图

1—焊接；2—焊缝；3—渣壳；4—焊接层

埋弧自动焊具有以下特点：

①生产率高。

由于可用大电流焊接和无需停弧换焊条，因此生产率比手弧焊可提高 5～20 倍。

②焊缝质量好。

由于焊接熔池能够得到可靠保护，金属熔池保持液态时间较长，故冶金过程进行得较完善，加之焊接工艺参数稳定，使焊缝成形美观，力学性能较高。

③节省金属材料、成本低。

由于埋弧自动焊采用大电流，故焊件可以不开坡口或少开坡口。此外，没有飞溅和焊条头的损失。

④改善了劳动条件。

埋弧自动焊在焊接时看不到弧光，烟接烟雾也很少，又是机械化操作，故劳动条件得到了很大改善。

但埋弧自动焊一般只适合于焊接水平位置的长直焊缝和环形焊缝，不能焊接空间焊缝或不规则焊缝；对焊前准备工作要求严格，如对焊接坡口加工要求较高，在装配时要保证组装间隙均匀。

2)气体保护电弧焊。

用外加气体作为电弧介质并对电弧和焊接区进行保护的一种熔焊方法，称为气体保护电弧焊(简称气体保护焊)。常用的气体保护焊方法有氩弧焊和二氧化碳气体保护焊。

①氩弧焊。

氩弧焊是用氩气作为保护气体的一种气体保护焊。按所用电极不同，氩弧焊分为熔化极氩弧焊和不熔化极(或钨极)氩弧焊。其焊接过程均可采用自动或半自动方式进行。

氩弧焊的特点：

a.氩气是一种惰性气体，它既不与金属起化学反应，又不溶于液体金属中，因而是一种理想的保护气体，可以获得高质量的焊缝。

b.电弧在气流压缩下燃烧，热量集中，焊接热影响区小，焊件焊后变形较小。

c.电弧稳定，飞溅小，表面无熔渣，成形美观。

②二氧化碳气体保护焊。

二氧化碳气体保护焊是利用二氧化碳气体作为保护气体的一种气体保护焊(图 3-10)。焊接时，焊丝由送丝滚轮自动送进，二氧化碳气体经喷嘴沿焊丝周围喷射出来，在电弧周围造成局部气体保护层，使熔滴、熔池与空气机械地隔离开，可防止空气对高温金属的有害作用。但二氧化碳气体在高温下可分解为一氧化碳和氧，从而使碳、硅、锰等合金元素烧损，降低焊缝金属力学性能，而且还会导致气孔和飞溅。因此，不适用于焊接有色金属和高合金钢。

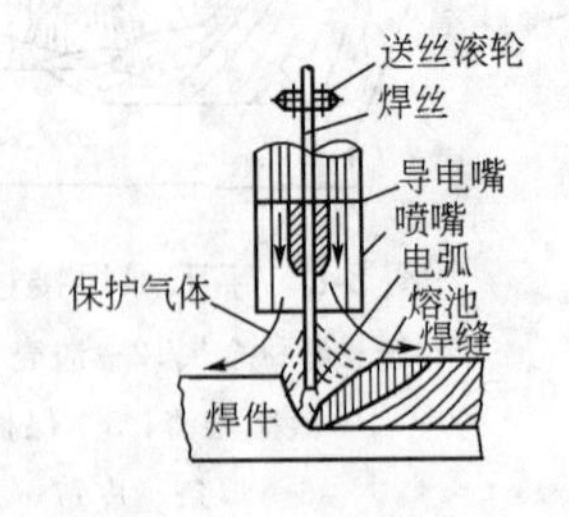

图 3-10　二氧化碳气体保护焊示意图

二氧化碳气体保护焊的特点：

a.由于电流密度大，熔深大，焊接速度快，焊后又不需清渣，所以生产率比手弧焊提高 1～4 倍。

b.由于二氧化碳气体保护焊焊缝氢的含量低，且焊丝中锰的含量高，脱硫作用良好，故焊接接头抗裂性好。

c. 由于保护气流的压缩使电弧热量集中，焊接热影响区较小，加上二氧化碳气流的冷却作用，因此产生变形和裂纹的倾向也小。

d. 二氧化碳气体价廉：因此二氧化碳气体保护焊的成本仅为手弧焊和埋弧自动焊的 40%左右。

c. 二氧化碳气体保护焊是明弧焊，便于观察和操作，可适于各种位置的焊接。

③气焊。

气焊是利用氧气与可燃性气体混合燃烧产生的热量，将焊件和焊丝熔化而进行焊接的一种熔焊方法。

生产中常用的可燃性气体是乙炔。乙炔与氧混合燃烧的火焰为氧-乙炔火焰，其温度高。中性焰应用最广，可用于焊接低碳钢、中碳钢、合金钢、铝合金等材料。

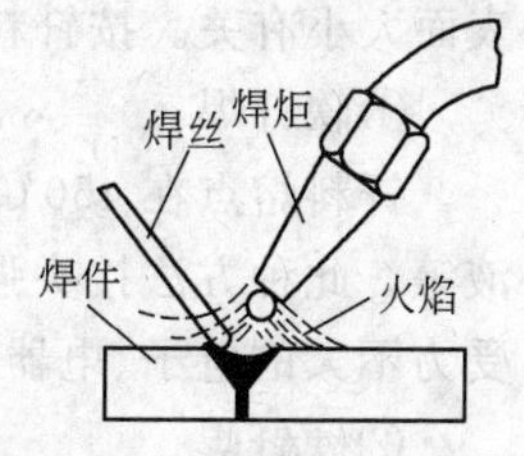

图 3-11 气焊示意图

图 3-11 为气焊示意图。焊炬喷出的火焰将两焊件接缝处局部加热至熔化状态形成熔池，不断向熔池送入填充焊丝（或不加填充金属，靠焊件本身熔化）使被焊处熔成一体，冷却凝固后形成焊缝。

气焊时应根据焊件的成分选择焊丝和焊剂。焊剂的作用是去除焊接过程中产生的氧化物，保护焊接熔池，改善金属熔池的流动性。

气焊的特点是：气焊技术比较容易掌握；所用设备简单；费用较低；不需要电源；操作灵活方便，尤其在缺少电源的地方和野外工作更具有实际意义，但由于气焊火焰温度低，加热缓慢，焊件受热面积大，热影响区较宽，变形较大；火焰对熔池保护性差，焊缝中易产生气孔、夹渣等缺陷；难于实现机械化，生产率低，故不适于大批量生产。

(3)压焊与钎焊。

1)电阻焊。

电阻焊（又称接触焊）是利用电流通过接头的接触面及邻近区域产生的电阻热，将焊件加热到塑性状态或局部熔化状态，再在压力作用下形成牢固接头的一种压焊方法。

电阻焊使用低电压（仅为 2～10V）、大电流（几千安到几万安），因此焊接时间极短（一般为 0.01 秒到几十秒）。与其他焊接方法相比，电阻焊生产率高，焊件变形小，不需要填充金属，劳动条件较好，操作简单，易实现机械化和自动化。但设备较复杂，耗电量大，对焊件厚度和截面形状有一定限制，一般适于成批大量生产。

电阻焊分为对焊、点焊和缝焊。

2)钎焊。

钎焊是采用比母材熔点低的金属材料作钎料，将焊件和钎料加热到高于钎料熔点、低于母材熔点的温度，利用液态钎料润湿母材，填充接头间隙并与母材相互扩散实现连接焊件的方法。

在钎焊过程中，为消除焊件表面的氧化膜及其他杂质，改善液态钎料的润湿能力，保护钎料和焊件不被氧化，常使用钎剂。钎焊接头的承载能力与接头连接表面大小有关。按钎料熔点不同分为软纤焊和硬钎焊。

①软钎焊。

钎料熔点在450℃以下。常用的钎料为锡铅钎料，钎剂为松香或氯化锌溶液等。此种方法接头强度低(60～140 MPa)，工作温度在100℃以下。主要用于受力不大的电子、电器仪表等工业部门中。

②硬钎焊。

钎料熔点在450℃以上。常用的钎料有铜基、银基、铝基钎料等，钎剂主要有硼砂、硼酸、氟化物、氯化物等。硬钎焊接头强度较高(>200 MPa)，工作温度也较高。主要用于受力较大的钢铁及铜合金机件、工具等，如钎焊自行车车架、切削刀具等。

按加热方法不同钎焊又可分为炉中钎焊、感应钎焊、火焰钎焊、盐浴钎焊和烙铁钎焊等。

钎焊与熔焊相比具有如下特点：加热温度低，接头组织与性能变化小，焊件变形也较小；接头光滑平整，外形美观，易保证焊件尺寸；可焊接同种金属也可焊接异种金属；设备简单，易于实现自动化。但接头强度较低，耐热温度不高，焊前对焊件清洗和装置要求较严，不适于焊接大型构件。

(4)金属的热切割。

金属热切割是利用热能使金属分离的方法。金属热切割的主要方法是氧气切割。

氧气切割是利用气体火焰的热能将工件切割处预热到一定温度盾，喷出高速切割氧气流使金属燃烧并放出热量实现切割的方法。

按操作方式氧气切割分为手工切割和机械切割。手工切割时，由于割炬移动不等速和切隔氧气流的颤动，故难于保证获得高质量的切割表面，切口表面要进行机械加工。机械切割是在装有一个或几个割炬的专门自动切割机或半自动切割机上进行的，切割时能保证割炬沿切割线条等速地移动；保持切割氧气流严格地垂直于被切割表面，且割嘴到金属表面的距离保持不变，因此切口质量高。

氧气切割具有灵活方便、设备简单、操作简易等优点，但对金属材料的适用范围有一定限制。

氧气切割特别适用于切割厚件和外形复杂件，它被广泛地用于钢板下料和铸钢件浇冒口的切割，通常用一般割炬切割厚度为5～300 mm。

四、铆固与钉牢机具

1. 风动拉铆枪(FLM-1型)

适用于铆接抽芯铝铆钉用的风动工具。

(1)特点。

风动拉铆枪其特点是质量轻,操作简便,没有噪声,同时,拉铆速度快,生产效率高。

(2)用途。

广泛用于车辆、船舶、纺织、航空、建筑装饰、通风管道等行业。

(3)基本参数。

1)工作气压:0.3～0.6 MPa;

2)工作拉力:3000～7200 N;

3)铆接直径:3.0～5.5 mm的空芯铝铆钉;

4)风管内径:10 mm;

5)枪身质量:2.25 kg。

2. 风动增压式拉铆枪(FZLM-1型)

适用于拉铆空芯铝铆钉。

(1)特点。

风动增压式拉铆枪,其特点是质量轻、功率大、工效高,铆接操作简便。

(2)用途。

广泛适用于车辆、船舶、纺织、航空、通风管道、建筑装修等行业。

(3)基本参数。

1)工作气压:0.3～0.6 MPa;

2)工作油压:8.5～17 MPa;

3)增压活塞行程:127 mm;

4)生产拉力:5000～10000 N;

5)铆枪头拉伸行程:21 mm;

6)风管内径:10 mm;

7)枪身质量:1.0 kg。

3. 射钉枪

(1)用途。

射钉枪是装饰工程施工中常用的工具,它要与射钉弹和射钉共同使用,由枪机击发射钉弹、以弹内燃料的能量,将各种射钉直接打入钢铁、混凝土或砖砌体等材料中去。也可直接将构件钉紧于需固定部位,如固定木件、窗帘盒、木护壁墙、踢脚板、挂镜线、固定铁件,如窗盒铁件、铁板、钢门窗框、轻钢龙骨、吊灯等。

(2)使用注意事项。

射钉枪因型号不同,使用方法略有不同。现以 SDT—A30 射钉枪为例介绍操作方法。

1)装弹时,用手握住枪管套,向前拉到定向键处,然后再后推到位。

2)从握把端部插入弹夹,推至与握把端部齐平。

3)将钉子插入枪管孔内,直到钉子上的垫圈进入孔内为止。

4)射击时,将射钉枪垂直地紧压在基体表面上,扣动扳机。每发射一次,应再装射钉,直至弹夹上子弹用完为止。

5)使用射钉枪前要认真检查枪的完好程度,操作者最好经过专门训练。在操作时才允许装钉,装钉后严禁对人。

6)射击的基体必须稳固坚实,并已有抵抗射击冲力的刚度。扣动扳机后如发现子弹不发火,应再次按于基体上扣动扳机,如仍不发火,仍保持原射击位置数秒后,再来回拉伸枪管,使下一颗子弹进入枪膛,再扣动扳机。

7)射钉枪用完后,应注意保存。

4. 风动打钉枪(FDD251 型)

(1)特点。

风动打钉枪是专供锤打扁头钉的风动工具,其特点是使用方便,安全可靠,劳动强度低,生产效率高。

(2)基本参数。

1)使用气压:0.5~0.7 MPa;

2)打钉范围:25×51 mm 普通标准圆钉;

3)风管内径:10 mm;

4)冲击次数:60 次/分钟;

5)枪身质量:3.6 kg。

5. 风动铆枪操作注意事项

(1)工作前必须检查铆枪、风顶把、风管阀门等是否完好,并应经常清洗和注油。

(2)风管须用风吹净管内杂物后,才接在风把上,以免灰尘进入窝内。风管接头用卡子卡紧。

(3)带风压装卸风窝时,不可横向操作,应向上或向下,并不要看风枪口。

(4)风管的阀门要标示明确,以免弄错开关。

(5)拉安风管时要平顺安置,不得扭曲。在空中作业时,风管应绑紧在架子上。工作时不得骑在风管上。

(6)铆作中断时,必须将风窝上风钮关闭后并用绳绑好平放在牢固的地方。

铆作完毕时,必须将窝胆拿出,将入风口堵塞,防止侵入灰尘。

五、磨光机具

1. 电动角向磨光机

电动角向磨光机是供磨削用的电动工具。由于其砂轮轴线与电机轴线成直角,所以特别适用于位置受限制不便用普通磨光机的场合。该机可配用多种工作头:粗磨砂轮、细磨砂轮、抛光轮、橡皮轮、切割砂轮、钢丝轮等。电动角向磨光机就是利用高速旋转的薄片砂轮以及橡皮砂轮、细丝轮等对金属构件进行磨削、切削、除锈、磨光加工。

(1)用途。

在建筑装饰工程中,常使用该工具对金属型材进行磨光、除锈、去毛刺等作业,使用范围比较广泛。

(2)工作条件。

1)海拔不超过 1000 m。

2)环境空气温度不超过 40℃,不低于－15℃。

3)空气相对湿度不超过 90%(25℃)。

(3)使用注意事项。

1)使用前应检查工具的完好程度,不能任意改换电缆线、插头。雨季应加强检查。该机如长期搁置而需要重新启用时,应测量绝缘电阻。

2)使用时按切割、磨削件材料不同,选择安装合适的切磨轮,按额定电压要求接好电源。

3)工作过程中,不能让砂轮受到撞击,使用切割砂轮时,不得横向摆动,以免使砂轮破裂。

4)使用过程中,若出现下列情况者,必须立即切断电源。进行处理。

①传动部件卡住,转速急剧下降或突然停止转动;

②发现有异常振动或声响、温升过高或有异味时;

③发现电刷下火花过大或有环火时。

5)使用工具时应经常检查、维护和保养。用完后应放置在干燥处妥善保存,并保证处在清洁、无腐蚀性气体的环境中。机壳用碳酸酯制成,不应接触有机溶剂。

2. 电动角向钻磨机

电动角向钻磨机是一种供钻孔和磨削两用的电动工具。当把工作部分换上钻夹头,并装上麻花钻时,即可对金属等材料进行钻孔加工。如把工作部分换上橡皮轮,装上砂布、抛布轮时,可对制品进行磨削或抛光加工。由于钻头与电动机轴向成直角,所以它特别适用于空间位置受限制不便使用普通电钻和磨削工具的场合,可用于建筑装饰工程中对多种材料的钻孔、清理毛刺表面、表面砂光及雕刻制品等。所用电机是单相串激交直流两用电动机。

电动角向钻磨机的规格以型号及钻孔最大直径表示。其基本技术参数见表3-8。

表 3-8　电动角向钻磨机的技术参数

型号	钻孔直径 /mm	抛布轮直径 /mm	电压 /V	电流 /A	输出功率 /W	负载转速 /(r/min)
回 JIDI6 型	6	100	220	1.75	370	1200

3. 磨床

(1)磨床的功能和类型。

1)磨床的功能。

用磨料磨具(砂轮、砂带、油石或研磨料等)作为工具对工件表面进行切削加工的机床,统称为磨床。它们是由于精加工和硬表面加工的需要而发展起来的。目前也有不少用于粗加工的高效磨床。

磨床用于磨削各种表面,如内外圆柱面和圆锥面、平面、螺旋面、齿轮的轮齿表面以及各种成形面等,还可以刃磨刀具,应用范围非常广泛。

由于磨削加工容易得到高的加工精度和好的表面质量,所以磨床主要应用于零件精加工,尤其是淬硬钢件和高硬度特殊材料的精加工。近年来由于科学技术的发展,现代机械零件的精度和表面粗糙度要求愈来愈高,各种高硬度材料应用日益增多,以及由于精密铸造和精密锻造工艺的发展,有可能将毛坯直接磨成成品;此外,随着高速磨削和强力磨削工艺的发展,进一步提高了磨削效率。因此磨床的使用范围日益扩大,它在金属切削机床中所占的比重不断上升,目前在工业发达的国家中,磨床在机床总数中的比例已达30%～40%。

2)磨床的种类。

磨床的种类很多,其主要类型有:

①外圆磨床。

外圆磨床包括万能外圆磨床、普通外圆磨床、无心外圆磨床等。

②内圆磨床。

内圆磨床包括普通内圆磨床、无心内圆磨床、行星式内圆磨床等。

③平面磨床。

平面磨床包括卧轴矩台平面磨床、立轴矩台平面磨床、卧轴圆台平面磨床、立轴圆台平面磨床等。

④工具磨床。

工具磨床包括工具曲线磨床、钻头沟槽磨床、丝锥沟槽磨床等。

⑤刀具刃具磨床。

刀具刃具磨床包括万能工具磨床、拉刀刃磨床、滚刀刃磨床等。

⑥各种专门化磨床。

各种专门化磨床是专门用于磨削某一类零件的磨床，如曲轴磨床、凸轮轴磨床、花键轴磨床、活塞环磨床、齿轮磨床、螺纹磨床等。

⑦其他磨床。

其他磨床种类很多，如研磨机、抛光机、超精加工机床、砂轮机等。

(2)磨床使用注意事项。

1)磨床砂轮的安装要做到：

①根据工件选用合适的砂轮，其硬度、强度、磨料粒度均应符合说明书要求；

②砂轮应有出厂合格证并有受检合格的标志；

③对砂轮进行全面检查，发现质量不合要求或外观有裂纹等缺陷时不得使用；

④砂轮在安装前必须进行静平衡试验。其最大不平衡度不超过15～20 gcm；

⑤砂轮应直接装在轴上，法兰直径均为砂轮直径的1/3～1/2；

⑥法兰与砂轮之间必须用衬垫垫好；

⑦砂轮与磨床主轴必须同心；

⑧装配时严禁用硬物敲击，紧螺母时要用专用扳手，紧固要适当；

⑨装牢防护罩，砂轮侧面与罩内壁向应保持20～30 mm的间隙；

⑩砂轮装好后，启动不能过急，要先经点动检查，并经过5～10分钟的空车运转，确认正常后，方可使用。

2)修磨砂轮时，必须戴防护镜。用金刚石修整砂轮时，必须用固定架衔住，不得手持修正。

3)液压系统的油压不得低于规定值，液压缸内有空气时，必须排除后方可使用。

4)装卸工件时，必须将砂轮退到安全位置。运转中，操作人员不得站在或面对砂轮旋转的离心力方向。

5)砂轮的转速不得超限，必须选择合理的进给量，缓慢进给，并应充分利用吸尘器。

6)工作台快速移动时，必须先使工件与砂轮脱开，砂轮未退离工件前，不得停止转动。

7)加工有花键、键槽的表面或扁圆工件时，进给应缓慢，并严格控制磨削量。

8)停车前，应先关闭冷却液，继续空转数分钟，待砂轮所吸水分全部甩尽后方可停车。

第三节　常用施工设备

一、铣床

铣床是用铣刀进行加工的机床。由于铣床应用了多刃刀具连续切削,所以它的生产率较高,而且还可以获得较好的加工表面质量。铣床的工艺范围很广,在铣床上可以加工平面、沟槽、分齿零件、螺旋形表面。因此,在机器制造业中,铣床得到广泛地应用。

铣床的主要类型有:卧式铣床、立式铣床、工作台不升降铣床、龙门铣床、工具铣床等,此外,还有仿形铣床、仪表铣床和各种专门化铣床。

1. 铣床的种类、结构特点及用途

(1)卧式铣床。

卧式升降台铣床的主轴是水平布置的,所以习惯上称为“卧铣”。

图 3-12 为卧式升降台铣床外形图。

万能卧式铣床与一般卧式铣床的区别,仅在于万能卧式铣床有回转盘(位于工作台和滑座之间),回转盘可绕垂直轴线在±45°范围内转动,工作台能沿调整转角的方向在回转盘的导轨上进给,以便铣削不同角度的螺旋槽。

(2)立式铣床。

图 3-13 为数控立式升降台铣床的外形图。这类铣床与卧式升降台铣床的主要区别,在立式铣床上可加工平面、斜面、沟槽、台阶、齿轮、凸轮以及封闭轮廓表面等。卧式和立式铣床适用于单件及成批生产中。

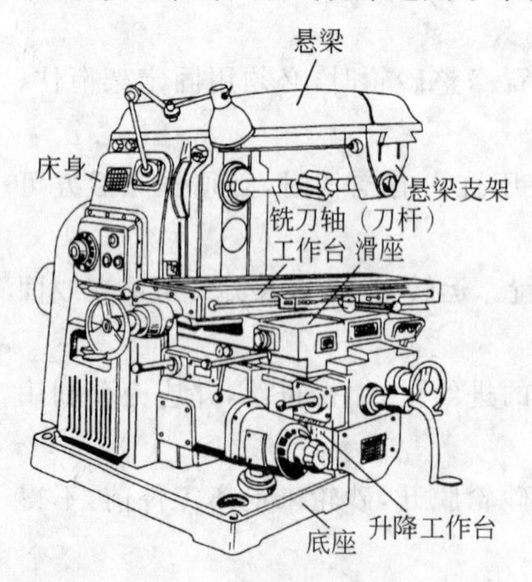

图 3-12　卧式升降台铣床

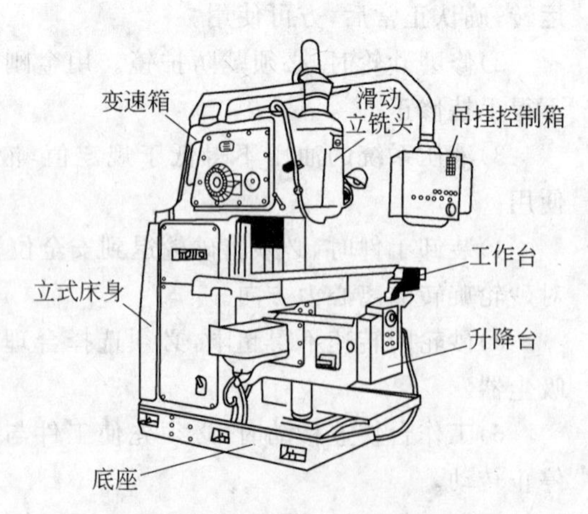

图 3-13　XK5040-1 型数控立式升降台铣床的外形图

(3)工作台不升降铣床。

这类铣床工作台不作升降运动，机床的垂直进给运动由安装在立柱上的主轴箱作升降运动完成。这样可以增加机床的刚度，可以用较大的切削用量加工中等尺寸的零件。

它适用于成批大量生产中铣削中、小型工件的平面。

(4)龙门铣床。

龙门铣床是一种大型高效通用机床，主要用于加工各类大型工件上的平面、沟槽等。可以对工件进行粗铣、半精铣，也可以进行精铣加工。由于在龙门铣床上可以用多把铣刀同时加工工件的几个平面，所以，龙门铣床生产率很高，在成批和大量生产中得到广泛应用。

2. 铣床使用注意事项

(1)安装夹具和工件，必须牢固可靠，不得松动。

(2)拆装立铣刀时，台面应垫木块，不得用手托刀盘。

(3)铣削中，头和手不得靠近铣削面，高速切削时应设防护挡板。

(4)清除切屑应在停车后用毛刷进行，不得用手抹、嘴吹。

(5)对刀时，必须慢速进刀，当刀接近工件时，应换用手动摇进。

(6)进刀不宜过猛，自动走刀时必须脱开手轮，不得突然改变进刀速度。

(7)铣削进给应在刀具与工件接触前进行，并应预先调整好限位撞块。

(8)快速行程，要在各有关手柄脱开后方可进行。

(9)正在走刀时，不得停车，铣深槽时应先停车后退刀。

二、车床

1. 车床的用途和分类

(1)车床的用途。

车床类机床主要用于加工各种回转表面，如内外圆柱表面、圆锥表面、成形回转表面和回转体的端面等，有些车床还能加工螺纹面。由于大多数机器零件都具有回转表面，车床的通用性又较广，因此在一般机器制造厂中，车床的应用极为广泛，在金属切削机床中所占的比重最大，约占机床总台数的20%～35%。

在车床上使用的刀具，主要是各种车刀，有些车床还可以采用各种孔加工刀具(如钻头、扩孔钻、铰刀等)和螺纹刀具(丝推、板牙等)进行加工。

(2)车床的分类。

车床的种类很多，按其结构和用途的不同，主要可分为：卧式车床及落地车床；立式车床；转塔车床；单轴自动车床；多轴自动和半自动车床；仿形车床及多刀车床；专门化车床，例如凸轮轴车床、曲轴车床、车轮车床、铲齿车床等等。

2. 车床使用注意事项

(1)车床的相互位置，应使卡盘的旋转平面错开一定距离，以防发生物件飞落时伤害相邻机床的操作人员。

(2)加工较长物件时，卡盘前面伸出部分不得超过工件直径的25倍，并应有顶尖支托，床头箱后面伸出部分，超过300 mm时，必须加装托架，必要时装设防护栏杆。

(3)自动、半自动车床气动卡盘使用压缩空气的压力，不应低于规定值。

(4)装卸卡盘时床面应垫木板或采取其他保护措施。不得用启动运转的方法来装卸。滑丝的卡盘不得使用。

(5)工件安装应牢固，增加夹固力可用接长套管进行，不得敲打扳手，装卸工件后，应立即取下扳手。

(6)立式车床在加工外圆超过卡盘的工件时，必须有防止立柱、横梁碰撞伤人的安全措施。

(7)切削韧性金属时应事先采取断屑措施。

(8)用挫刀光磨工件时，应右手在前，左手在后，身体离开卡盘，并将刀架放在安全位置。不得用砂布裹在工件上磨光，但可比照用挫刀的方法成直条状压在工件上砂磨。

(9)车内孔时，不得用挫刀倒角，用砂布光磨内角时，不得用手指伸进孔内打磨。

(10)加工偏心工件时，必须用专用工具。不得一手扶攻丝架(或扳牙架)，一手开车。

(11)攻丝或套丝时，必须用专用工具。不得一手扶攻丝架(或扳牙架)，一手开车。

(12)切断大料时，应留有足够余量，卸下后砸断；切断小料时，不得用手接料。

(13)高速切削重大工件时，不得紧急制动，或突然旋转方向。

(14)加工较重的工件停歇时，工件下必须用托木支撑。

(15)自动、半自动车床作业前应将防护挡板安装好。严禁用挫刀、刮刀、砂布等光磨工件。

(16)车床运转中如遇停电时，应及时退出刀具，并切断电源。

三、钻床

1. 钻床的用途和分类

钻床是孔加工用机床，主要用来加工外形较复杂，没有对称回转轴线的工件上的孔，如箱体、机架等零件上的各种用途的孔。在钻床上加工时，工件不动，刀具作旋转主运动，同时沿轴向移动，完成进给运动。钻床可完成钻孔、扩孔、铰孔、平面、攻螺纹等工作。钻床主参数是最大钻孔直径。

钻床可分为：立式钻床、台式钻床、摇臂钻床、深孔钻床及其他钻床等。

以立式钻床为例，如图 3-14 所示。

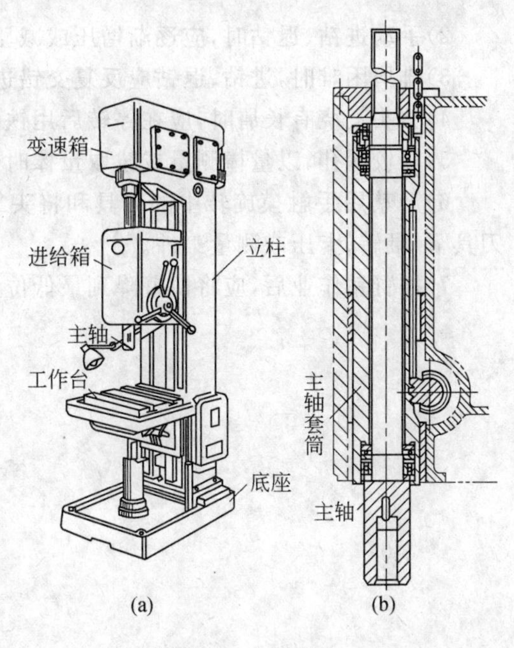

图 3-14　立式钻床

在立式钻床上，加工完一个孔后再钻另一个孔时，需要移动工件，使刀具与另一个孔对准，对于大而重的工件，操作很不方便。因此，立式钻床仅适用于在单件、小批生产中加工中、小型零件。

立式钻床除上述的基本品种外，还有一些变型品种，较常用的有可调式和排式。可调式多轴立式钻床主轴箱上装有很多主轴，其轴心线位置可根据被加工孔的位置进行调整。加工时，主轴箱带着全部主轴对工件进行多孔同时加工，生产率较高。排式多轴钻床相当于几台单轴立式钻床的组合。它的各个主轴用于顺次地加工同一工件的不同孔径或分别进行各种孔加工工序，如钻、扩、铰和攻螺纹等。由于这种机床加工时是一个孔一个孔地加工，而不是多孔同时加工，所以它没有可调式多轴钻床的生产率高。

但它与单轴立式钻床相比，可节省更换刀具的时间。这种机床主要用于中小批生产中。

2. 钻床使用注意事项

(1)工件夹装必须牢固可靠，钻小件时，应用工具夹持，不得手持工件进行钻孔。薄板钻孔时，应用虎钳夹紧并在工件下垫好木板，使用平头钻头。

(2)钻通孔时，加工件必须卡紧上牢，工件下面垫好木板或对准工作台上的坑槽，然后方可加工，不得损坏工作台。

(3)钻深孔时，铁屑不易退出，应退出钻头，经清除后再继续钻深。

(4)钻工件时严禁操作人员将头部靠近旋转的钻头或镗杆，严禁带手套操作。

(5)钻头未停止运转时，不准送进或拿取工件。

(6)发生停电或故障停车时应及时将钻头退出工件，拉闸断电。工作完毕后将操作手柄放回零位，卸下钻头，断电拉闸，清除铁屑。

(7)使用摇臂钻时应遵守下列要求：

1)使用摇臂钻时，横臂必须卡紧，横臂回转范围内，不得有障碍物。

2)手动进钻、退钻时,应逐渐增压或减压,不得用管子套在手柄上加压进钻。

3)排屑困难时,进钻、退钻应反复交错进行。

4)钻头上绕有长屑时,应在停转后用铁钩或刷子清除,严禁用手拉或嘴吹。

5)精铰深孔,以量棒测量或拔取量棒时,不可用力过猛,避免手撞刀具。

6)严禁用手触摸旋转中的刀具和将头靠近机床旋转部分,不得在旋转着的刀具下,翻转、卡压或测量工件。

7)摇臂钻作业后,应将横臂降到最低位置,主轴靠近主柱,并卡紧。

第四章　门窗制作与安装

第一节　铝合金门窗制作与安装

一、铝合金门窗制作

1. 铝合金门制作

(1)门扇制作。

1)选料与下料:选料与下料时应注意以下几个问题。

①选料时要充分考虑表面色彩、塑性、壁厚等因素,以保证足够的刚度、强度和装饰性。

②每一种铝合金型材都有其特点和使用部位,如推拉平开、自动门所采用的型材规格各不相同。确认材料及其使用部位后,要按设计尺寸进行下料。

③在一般装饰工程中,铝合金门窗无详图设计,仅仅给出洞口尺寸和门扇划分尺寸。门扇下料时,要在门洞口尺寸中减去安装缝、门框尺寸,其余按扇数均分调整大小。要先计算,画简图,然后再按图下料。下料原则是:竖梃通长满门扇高度尺寸,横档截断,即按门扇宽度减去两个竖梃宽度。

④切割时,切割机安装合金锯片,严格按下料尺寸切割。

2)门扇组装:组装门扇按以下工序进行。

①竖梃钻孔。在上竖梃拟安装横档部位用手电钻钻孔,用螺栓连接钻孔,孔径大于螺栓直径。角铝连接部位靠上或靠下,视角铝规格而定,角铝规格可用22 mm×22 mm,钻孔可在上下10 mm处,钻孔直径小于自攻螺钉。两边梃的钻孔部位应一致,否则将使横档不平。

②门扇节点固定。上、下横档(上、下冒头)一般用套螺纹的钢筋固定,中横档(冒头)用角铝自攻螺钉固定。先将角铝用自攻螺钉连接在两边梃上,上、下冒并没有中穿入套扣钢筋;套口钢筋从钻孔中深入边梃,中横档再用手电钻上下钻孔,自攻螺钉拧紧。

③锁孔和拉手安装。在拟安装的门锁部位用手电钻钻孔,再介入曲线锯切割成锁孔形状。在门边梃上,门锁两侧要对正,为了保证安装精度,一般在门扇安装后再装门锁。

(2)门框制作。

1)选料与下料。

视门大小选用50 mm×70 mm、50 mm×100 mm、100 mm×25 mm门框

梁，按设计尺寸下料。具体做法同门扇制作。

2)门框钻孔组装。

在安装门的上框和中框部位的边框上，钻孔安装角铝，方法同门扇。然后将中、上框套在角铝上，用自攻螺钉固定。

3)设连接件。

在门框上，左右设扁铁连接件，扁铁件与门框上用自攻螺栓拧紧，安装间距为150～200 mm，视门料情况与墙体的间距。扁铁做成平的Ⅱ字形。连接方法视墙体内埋件情况而定。

2. 铝合金窗制作

(1)铝合金窗的下料。

1)下料时应根据铝合金窗设计图纸的规格、尺寸，结合所用铝合金型材的长度，长短搭配，合理用料，尽量减少短头废料。

2)下料时同一批料要一次下齐，要求表面氧化膜或涂层颜色的一致。

3)下料时，应考虑窗框加工制作的尺寸，比已留好的窗洞尺寸每边小20～25 mm。

(2)钻孔。

铝合金窗的各杆件是采用螺钉、铝拉钉进行固定的，因此窗的连接部位均需进行钻孔。在钻孔前应在型材上准确地划好孔位线，并核对无误后才进行钻孔。

(3)组装。

1)铝合金窗的组装方式有45°角对接，直角对接，垂直插接三种。

2)上亮部分的扁方管型材，通常采用铝角码和自攻螺丝连接。

(4)推拉窗的组装。

1)推拉窗窗框组装。

先量上滑道上面的两条固紧槽孔距侧边的距离和高低尺寸，再按此尺寸在窗框边封上部衔接处画线钻孔，孔径ϕ4.5 mm左右。然后将碰口胶垫置于边封的槽口内，再用M4×35 mm自攻螺丝通过边封上的孔和碰口胶垫上的孔，旋进上滑道上的固紧槽孔内。最后在边封上装上毛条。按同样的方法装下滑道。固定时不得将位置装反，下滑道的轨道面一定要与上滑道相对应才能使窗扇在上下滑道上滑动。

2)推拉窗扇组装。

①在扇的边框和带钩边框上、下两端处进行切口处理，上端切口长51 mm，下端切口长76.5 mm。

②在窗扇边框与下横衔接端各钻3个孔，上下两孔是连接固定孔，中间的孔是调节滑轮框上调整螺钉的工艺孔，并在窗扇边框或带钩边框上做出上、下切口，固定后边框下端与下横底边齐平。

③安装上横档角码和窗扇钩锁。

④上密封毛条，装窗扇玻璃。

(5)平开窗的组装。

组装程序：平开窗框组装→平开窗扇组装→框、扇横竖工料连接→五金零件组装。

1)窗框组装。

一般平开铝合金窗框的对角处为45°角拼接，步骤是：在窗框内插入铝角→每边钻两个孔→螺丝固定。拼装前先装密封条。

2)窗扇组装。

平开窗扇框、玻璃压条、连接角码并采用45°角插角连接。

3)窗框、扇横竖工料的连接。

窗框、扇横竖工料连接是采用榫接拼合，在组装前要进行榫头、榫孔的加工制作。榫接有平榫肩法和斜榫肩法两种。一般是在中间的竖向窗工料上做榫头，在横向窗工料上做榫孔。

4)平开窗五金配件组装。

①外开式滑轴平开窗、滑轴上悬窗应采用不锈钢滑撑，固定端用不锈钢抽芯铆钉连接。

②执手的安装位置，一般应符合以下规定：

窗框洞口净高度：$d_2>700\sim850$ mm，安装双联执手，安装高度 $h=230$；

$d'_2>700\sim850$ mm 时，安装双联执手，安装高度 $h=230$；

$d'_2>850$ mm 安装双联执手，安装高度 $h=260$；

上悬亮窗扇宽度：$e'_2\leqslant900$ mm 时，安装一只执手，位置为扇下梃中间 $1/2e'_2$；

$e'_2>900$ mm 时，安装左、右两只执手，位置为扇下梃各距两端200 mm。

二、铝合金门窗安装

1. 弹线定位

沿建筑物全高用大线坠(高层建筑宜用经纬仪找垂直线)引测门窗，在每层门窗口处划线标记。并逐层抄测门窗洞口距门窗边线实际距离，需要进行处理的应记录和标识。

门窗的水平位置应以楼层室内+0.5 m的水平线为准向上反量出窗下皮标高，弹线找直。每层必须保持窗下皮标高一致。

墙厚方向的安装位置应按设计要求和窗台板的宽度确定。原则上以同一房间窗台板外露尺寸一致为准，窗台板应伸入铝合金窗下5 mm。

2. 门窗洞口处理

门窗洞口偏位、不垂直、不方正的要进行剔凿或抹灰处理。

3. 防腐处理

门窗框四周外表面有防腐处理设计要求时,按设计要求处理。如果设计没有要求时,可涂刷防腐涂料或粘贴塑料薄膜进行保护,以免水泥砂浆直接与铝合金门窗表面接触,产生电化学反应,腐蚀铝合金门窗。

安装铝合金门窗时,如果采用连接铁件固定,则连接铁件、固定件应采用不锈钢件。否则必须进行防腐处理,以免产生电化学反应,腐蚀铝合金门窗。

4. 铝合金门窗框的固定

在安装制作好的铝窗、门框时,吊垂线后要卡方。待两条对角线的长度相等,表面垂直后,将框临时用木楔固定,待检查立面垂直、左右间隙、上下位置符合要求后,再将框固定在结构上。

(1)当门窗洞 13 系预埋铁件,安装框子时铝框上的镀锌铁脚,可直接用电焊焊牢于预埋件上。焊接操作时,严禁在铝框上接地打火,并应用石棉布保护好铝框。

如洞口墙体上已预留槽口,可将铝框上的连接铁脚埋入槽口内,用 C25 级细石混凝土或 1∶2 水泥砂浆浇填密实。

(2)当门窗洞口为混凝土墙体但未预埋铁件或预留槽口时,其门窗框连接铁件可用射钉枪射入 $\phi4\sim\phi5$ mm 射钉紧固(图 4-1)。连接铁件应事先用镀锌螺钉铆固在铝框上。

如门窗洞口墙体为砖砌结构,应用冲击电钻钻入不小于 $\phi10$ mm 的深孔,用膨胀螺栓紧固连接件(图 4-2)。不宜采用射钉连接。

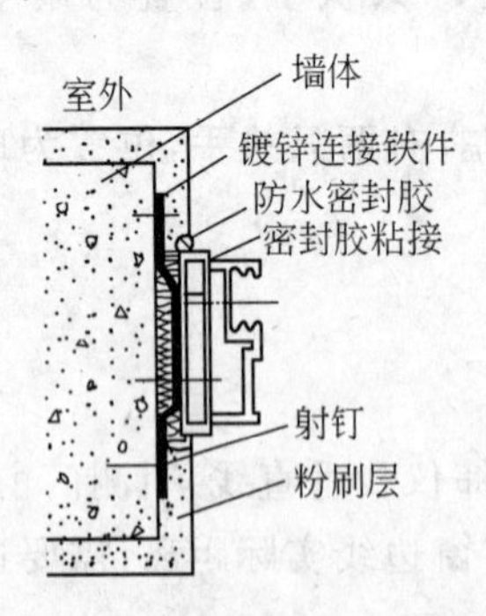

图 4-1　铝框连接件射钉锚固示意图

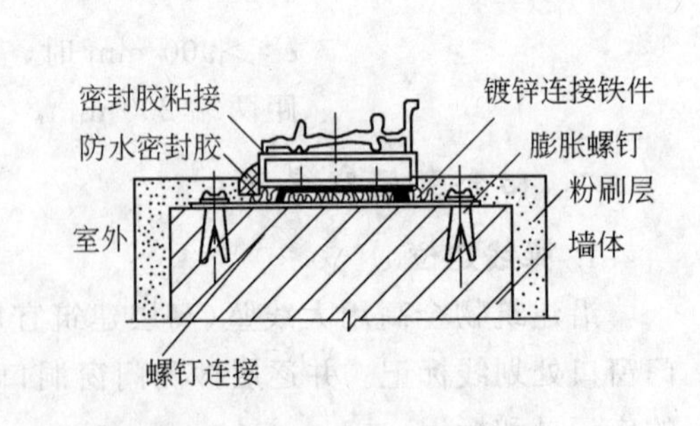

图 4-2　膨胀螺栓紧固连接件

(3)自由门地弹簧安装,采用地面预留洞口,门扇与地弹簧安装尺寸调整后,应浇筑 C25 级细石混凝土固定。

(4)铝门框埋入地面以下应为 20～50 mm。

(5)组合窗框间立柱上下端应各嵌入框顶和框底的墙体(或梁)内 25 mm 以上。转角处的主柱其嵌固长度应在 35 mm 以上。

(6)门窗框连接件采用射钉、膨胀螺栓、钢钉等紧固时,其紧固件离墙(或梁、柱)边缘不得小于 50 mm,且应错开墙体缝隙,以防紧固失效。

5. 门窗框与墙体间缝隙的处理

铝合金门窗安装固定后,应先进行隐蔽工程验收,合格后及时按设计要求处理门窗框与墙体之间缝隙。如果设计未要求时,可采用发泡胶填塞缝隙,亦可采用弹性保温材料或玻璃棉毡条分层填塞,外表面留 5～8 mm 深槽口填嵌嵌缝油膏或密封胶。

若门窗框侧边已进行防腐处理,也可填嵌低碱性水泥砂浆或低碱性细石混凝土。铝合金窗应在窗台板安装后将上缝、下缝同时填嵌,填嵌时不可用力过大,防止窗框受力变形。

6. 门窗安装

(1)在土建施工基本做完的情况下方可进行安装。应合理安排进度。

(2)平开窗扇安装前,先固定窗铰,然后将窗铰与窗扇固定,框装扇必须保证窗扇立面在同一平面内,要达到周边密封,启闭灵活。

(3)如果安装门扇,下面安装地弹簧,可向内外自由开闭。

7. 安装玻璃

(1)裁玻璃。按照门、窗扇的内口实际尺寸,合理计划用料,裁割玻璃,分类堆放整齐,底层垫实找平。

(2)安装玻璃。当玻璃单块尺寸较小时,可以用双手夹住就位。如果玻璃尺寸较大,为便于操作,往往用玻璃吸盘。玻璃应该摆在凹槽的中间,内、外两侧的间隙应不少于 2 mm。

8. 五金配件安装

五金配件与门窗连接用镀锌螺钉。安装的五金配件应结实牢固,使用灵活。

9. 清理

铝合金门、窗交工前,应将型材表面的塑料胶纸撕掉。

如果发现塑料胶纸在型材表面留有胶痕和其他污物,可用单面刀片刮除擦拭干净。也可用香蕉水清洗干净。

第二节　涂色镀锌钢板门窗安装

涂色镀锌钢板门窗是一种新型金属门窗,是以彩色镀锌钢板和 3～5 mm 厚平板玻璃或中空双层钢化玻璃为主要材料,经机械加工而制成。门窗四角用插接件插接,玻璃与门窗交接处及门窗框与扇之间的缝隙,全部用橡胶条、玛瑅脂密封,或油灰及其他建筑密封膏密封。它具有质量轻、强度高、采光面积大、防尘、隔声、保温、密封性能好、造型美观、款式新颖、耐腐蚀、寿命长等特点。主要适用于商店、超级市场、实验室、教学楼、办公楼、高级宾馆与旅社、各种影剧院及民用住宅、高级建筑。

彩色涂层钢板门窗按其构造有两种形式。一是带副框彩色涂层钢板门窗安装节点,适用于外墙面为大理石、玻璃马赛克、瓷砖,各种面砖等材料,或门窗与内墙面需要平齐的建筑,先装副框后装门窗。一是不带副框安装节点。适用于室外为一般粉刷建筑,门窗与墙体直接连接。但洞口粉刷成型尺寸必须准确。故安装方法有两种。

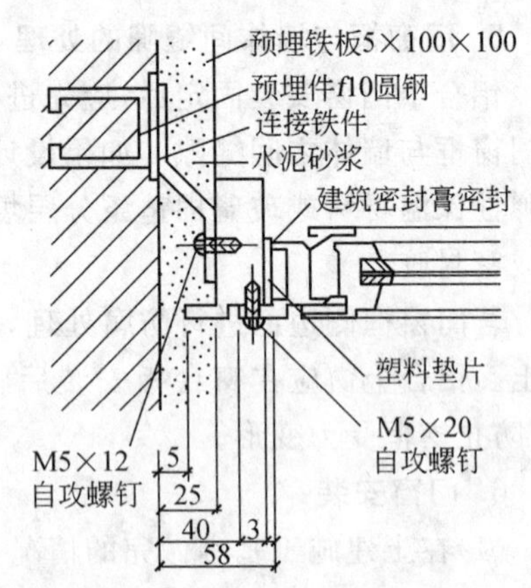

图 4-3 彩色涂层带副框门窗安装节点

一、带副框门窗安装

彩色涂层带副框门窗安装节点(见图 4-3)。

(1)按门窗图纸尺寸在工厂组装好副框,运到施工现场,用 TC4.2×12.7 的自攻螺钉,将连接件铆固在副框上。

(2)将副框装入洞口的安装线上,用对拔楔初步固定。

(3)校对副框正、侧面垂直度和对角线合格后,对拔楔应固定牢靠。

二、不带副框的门窗安装

(1)室内、外及洞口应粉刷完毕。洞口粉刷后的成型尺寸应略大于门窗外框尺寸,其间隙宽度方向 3～5 mm,高度方向 5～8 mm。

(2)按设计图的规定在洞口内弹好门窗安装线。

(3)按门窗外框上膨胀螺栓的位置,在洞口相应位置的墙体上钻膨胀螺栓孔。

(4)将门窗装入洞口安装线上,调整门窗的垂直度、水平度和对角线合格后,以木楔固定。门窗与洞口用膨胀螺栓连接,盖上螺钉盖。门窗与洞口之间的缝隙,用建筑密封膏密封(图 4-4)。

(5)竣工后剥去门窗上的保护胶条,擦净玻璃及框扇。

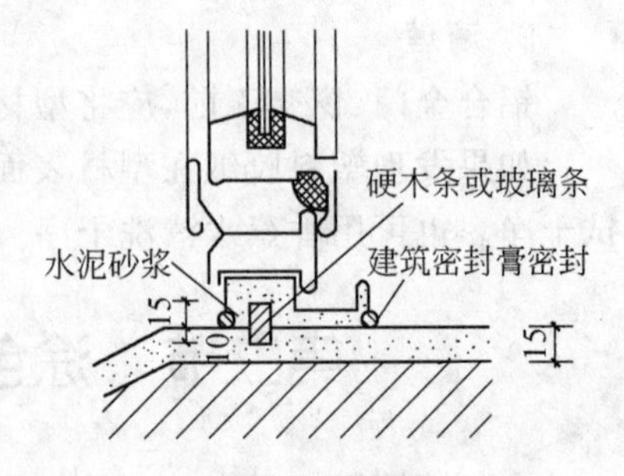

图 4-4 带副框下框底安装节点

此外，亦可采用“先安装外框后做粉刷”的工艺，其做法：门窗外框先用螺钉固定好连接铁件，放入洞口内调整水平度、垂直度和对角线，合格后以木楔固定，用射钉将外框连接件与洞口墙体连接，框料及玻璃覆盖塑料薄膜保护，然后进行室内外装饰。砂浆干燥后，清理门窗构件装入内扇。清理构件时切忌划伤门窗上的涂层。

第三节　塑料门窗制作与安装

一、塑料门窗制作

1. 塑料门窗的下料

(1)确定塑料门窗框的尺寸。

1)门、窗框尺寸由建筑设计图上的门窗洞口尺寸决定。

2)门的构造尺寸应符合下列要求：

①门边框与洞口间隙应符合规定；

②无下框平开门门框的高度应比洞口高度大 10～15 mm；带下框平开门或推拉门门框高度应比洞口高度小 5～10 mm。

3)由于塑料门、窗框都是焊接成型，焊接时不用焊条，而是母体材料熔化焊接，所以下料时要考虑适当增加长度。一般门、窗下料的尺寸应比其边长加长4～6 mm。

(2)门、窗扇的下料尺寸。

门、窗的下料尺寸应根据门、窗框的外形尺寸、型材种类，门、窗扇的型材的外形尺寸，以及门、窗扇与框之间的搭接量(一般半开门、窗为 8～9 mm/边，推拉门、窗为 8～10 mm/边)和缝隙(一般为 5 mm)，计算门、窗扇的外形尺寸，再加上焊缝消耗量(每端 2～3 mm)，算出实际的下料长度。

(3)玻璃压条下料尺寸。

玻璃压条的下料尺寸为：理论长度加上适当的长度。

2. 塑料门、窗的型材切割

门、窗框扇切割时，根据已算好的框、扇的下料尺寸，用切割机将边框型材切成两端均为 45°角的斜面料段。且 V 形榫头与 V 形榫口的角度完全一致，榫头长度与榫口深度必须完全相同。

3. 铣排水孔和气压平衡孔

外墙上的外门、外窗的每块玻璃的下边框型材上都应开有内、外排水槽，在框、扇型材内部形成雨水排放通道，以排放从玻璃与框、扇之间，框与扇之间的缝隙渗入室内一侧的雨水；在每块玻璃的上边框型材上部，都应钻有气压平衡孔，以平衡框、扇两边的气压，保证排水孔的排水畅通。

4. 装加强筋

当窗构件符合下列情况之一时，其内腔必须加衬增强型钢。

(1)平开窗。

1)窗框构件长度等于或大于 1300 mm 时，窗扇长度等于或大于 1200 mm时；

2)中横框和中竖框构件长度等于或大于 900 mm 时；

3)采用小于 50 系列的型材，窗框构件长度等于或大于 1000 mm，窗扇构件长度等于或大于 900 mm；

4)安装五金配件的构件。

(2)推拉窗。

1)窗框构件长度等于或大于 1300 mm 时；

2)窗扇边框：厚度为 45 mm 以上的型材，长度等于或大于 1000 mm；厚度为 25 mm 以上的型材，长度等于或大于 900 mm；

3)窗扇下框长度等于或大于 700 mm，滑轮直接承受玻璃重量的不加衬增强型钢；

4)安装五金配件的构件。

5. 塑料门、窗框、扇的焊接

门、窗的框、扇型材暴露在室内外两侧的焊缝；框、扇四角的外角处应清理出 5 mm×45°的倒角；框扇及分格型材的内角处；以及影响美观和软密封条装配的槽内焊缝等都应进行清理。

6. 装五金配件

平开窗要装合页(插锁式或联杆式)、执手。当窗扇高度大于 900 mm 时，应采用带两点锁的执手；推拉窗要装推拉窗滚轮、推拉窗锁(锁钩应用不锈钢作)；平开门要装平开门合页、平开门锁。

7. 嵌密封条

密封条的规格、材质应符合设计和规范要求。

8. 装玻璃

(1)安装玻璃前应按设计准备好玻璃、玻璃压条、窗角槽板及玻璃承重垫块和定位垫块等材料。

(2)边框上的定位垫块应采用聚氯乙烯胶粘剂固定。以防止因运输、安装及温度变化而移位。玻璃垫块宜用硬质 PVC 塑料、ABS 塑料或邵氏硬度 D 为 70～90的橡胶模注成型，其宽度应比排水槽小 0.2～0.3 mm，厚度×长度一般为 3 mm×100 mm。位置应距窗扇或框拐角处 100 mm。不得使用硫化再生橡胶、木片及其他吸水材料。

(3)塑料门窗采用干法镶嵌玻璃，即用附有弹性密封条的玻璃压条异型材卡固玻璃。先在扇框上密封条沟槽内嵌入玻璃密封条，然后在扇框型材凹槽内摆放玻璃垫块及窗角槽板，放上玻璃，再用装有密封条的玻璃压条将玻璃固定。

二、塑料门窗安装

1. 固定片安装

(1)将不同型号、规格的塑料门窗搬到相应的洞口旁竖放。补贴脱落的保护膜，在窗框上划中线。检查门窗框上下边的位置及内外朝向，安装固定片，固定片采用厚度大于1.5 mm、宽度大于等于15 mm的镀锌钢板。安装时应采用直径ϕ3.2 mm的钻头钻孔，然后将十字槽盘头自攻螺钉M4×20 mm拧入，不得直接锤击钉入。

(2)固定片的位置应距离窗角、中竖框、中横框至少150～200 mm，固定片之间的距离小于或等于600 mm，不得将固定片直接装在中横框、中竖框的档头上。

2. 临时固定

当门窗框装入洞口时，其上下框中线与洞口中线对齐。无上下框应使两边低于标高线10 mm。然后将门窗框用木楔临时固定，并调整门窗框的垂直度、水平度和直角度。

3. 与墙体连接固定

当门窗框与墙体固定时应按对称顺序，先固定上下框，然后固定边框，固定方法应按照下列要求。

(1)混凝土墙洞口采用射钉或塑料膨胀螺钉固定。

(2)砖墙洞口应采用塑料膨胀螺钉或水泥钉固定，并不得固定在砖缝处。

(3)加气混凝土洞口应采用木螺钉将固定片固定在预埋胶粘圆木上。

(4)设有防腐木砖墙面，用木螺钉固定片固定在防腐木砖上。

(5)设有预埋铁件的洞口应采用焊接方法固定，也可先在预埋件上按紧固件规格打基孔，然后将紧固件固定。

4. 膨胀螺钉直接固定法

用膨胀螺钉直接穿过门窗框将框固定在墙体或地面上的方法，此方法适用于阳台封闭窗框及墙体厚度小于120 mm安装门窗框时使用。

(1)安装时先将门窗框在洞口放好、找正，并临时固定。

(2)用ϕ5 mm钻头在门窗框各固定点的中心钻孔，穿过框材直接钻到墙体上留下钻孔痕迹(钻孔位置及间距仍按固定片法)，然后取下门窗框，再用ϕ12 mm的冲击钻按墙上留下的钻孔痕迹继续钻ϕ12 mm的孔，深约50 mm。

(3)清除孔内粉末后放入ϕ12 mm塑料套，再将门窗框重新放入原来洞口中，对准画线，重新找正位置并用木楔临时固定，然后按对称顺序拧入膨胀螺钉。

(4)窗框安装固定后在窗内侧固定螺栓孔位置处装上白色塑料盖，并在塑料盖周边涂上密封胶，防止雨水侵入窗框内腐蚀钢衬。

5. 安装组合门窗时，拼樘料与洞的连接

(1)当拼樘料与砖墙连接时，应先将拼樘料两端插入预留洞中，然后用强度等级为 C20 的细石混凝土浇筑。

(2)将两门窗框与拼樘料卡接，卡接后应用紧固件双向拧紧，其间距小于或等于 600 mm，紧固件端头及拼樘料与门框间的缝隙应用密封胶密封。

6. 嵌缝

门窗框与洞口之间的伸缩缝内腔应采用闭孔泡沫塑料、发泡聚苯乙烯等弹性材料分层填塞；用保温隔声材料填充。

7. 门窗洞口内外侧与门窗框之间缝隙处理

(1) 普通玻璃门、窗：洞口内外侧与门窗框之间用水泥砂浆等抹平。靠近铰链一侧，灰浆压住门窗框的厚度以不影响门扇的开启为限，待抹灰硬化后，外侧用密封胶密封。

(2)保温、隔声门窗：洞口内外侧水泥砂浆等抹平，外侧抹灰时应用片材将抹灰层与门窗框临时隔开，其厚度为 5 mm，抹灰层应超出门窗框，其厚度以不影响扇的开启为限。待外抹灰层硬化后撤去片材，用密封胶进行密闭。

门窗框上若粘有水泥砂浆，应在其硬化前，用湿布擦拭干净，不得使用硬质材料刮铲门窗框表面。

8. 五金附件安装

门锁、执手、纱窗铰链等五金附件在水泥砂浆硬化后进行安装。安装时先用电钻钻孔，再用自攻螺丝拧入，禁止用铁锤或硬物敲打，防止损坏框料。

第四节　卷帘门安装

卷帘门按其传动方式可以分为电动(D)、遥控电动(YD)、手动(S)、电动及手动(DS)四种形式；按照外形可分为鱼鳞状、直管横格、帘板、压花帘板等四种形式；按性能可分为普通型、防火型和抗风型；按材质可分为合金铝、电化合金铝、镀锌铁板、不锈钢板、钢管及钢筋。

卷帘门安装应注意以下几点。

(1)复核洞口与产品尺寸是否相符。防火卷帘门的洞口尺寸，可根据 $3M_0$ 模制选定。一般洞口宽度不宜大于 5 m，洞口高度也不宜大于 5 m。并复核预埋件位置及数量。确认门洞口尺寸及安装施工(内侧、外侧及中间安装)。墙体洞口为混凝土时，应在洞口设预埋件，然后与导轨、轴承架焊接连接；墙体洞口为砖砌体时，可采用钻孔埋设胀锚螺栓与导轨、轴承架连接。

(2)确定安装水平线及垂直线，按设定尺寸依次安装。槽口尺寸应准确，上下保持一致,对应槽口应在同一平面内,然后用连接件与洞口内的预埋件焊牢。

(3)卷门机必须按说明书要求安装。

(4)卷轴、支架板必须牢固地装在混凝土结构上或预埋件上。

(5)宽大门体需在中间位置加装中柱,两边有滑道。中柱安装必须与地面垂直,安装牢固,但要拆装方便。

(6)门体叶片插入滑道不得少于 30 mm,门体宽度偏差为±3 mm。

(7)防火卷帘门水幕系统装在防护罩下面,喷嘴倾斜15°角。

(8)安装完毕,先手动调整试运行,观察门体上下运行情况。正常后通电调试。

(9)观察卷帘机、传动系统、门体运行情况。应启闭正常、顺畅,速度为3~7米/分钟。

(10)调整制动器外壳方向,使环形链朝下;调整链条张紧度,链条 6~10 mm;调整单向调节器及限位器。

(11)卷筒安装应先找好尺寸,并使卷筒轴保持水平位置,注意与导轨之间的距离应两端保持一致,临时固定后进行检查,并进行必要的调整、校正,无误后再与支架预埋件用电焊焊接。

(12)清理:粉刷或镶砌导轨墙体装饰面层,清理现场。

第五节 防火、防盗门安装

一、钢质防火门安装

1. 划线定位

按设计图纸规定的门在洞口内的位置、标高,在门洞上弹出门框的位置线和标高线。

2. 门框就位

将门框放入洞口内已弹好的位置、标高线所定的安装位置上,并用木楔临时固定。

3. 检查调整

检查门框的标高、位置、垂直度、开启方向等是否符合设计和规范要求。对不符合要求的进行调整。

4. 固定门框

用焊接的方法将连接铁角与门洞口上的预埋铁件焊接,或用射钉将连接铁角与门洞口的混凝土壁连接等,使门框在门洞内固定牢固。

5. 塞缝

塞缝的嵌填材料应符合设计要求,嵌填要密实,平整。

6. 安装门扇

可先把合页临时固定在钢质防火门的门扇的合页槽内，然后将门扇塞入门框内，将合页的另一页嵌入门框的合页槽内，经调整无误后，拧紧固定合页的全部螺丝。

7. 清理

交工前应撕去门框、扇表面的保护膜或保护胶纸，擦去污物。

8. 钢质防火门的安装质量要求

(1)钢质防火门的性能应符合设计要求；

(2)钢质防火门的品种、类型、规格、尺寸、开启方向、安装位置、标高、防腐处理应符合设计要求；

(3)带有机械、自动、智能化装置的钢质防火门，其机械、自动或智能化装置的功能应符合设计和有关规定的要求；

(4)钢质防火门的五金配件应齐全，位置应正确，安装应牢固；

(5)门扇应开关灵活，无阻滞回弹和倒翘现象。

二、防盗门安装

(1)防盗安全门的安装应根据所采用防盗门的种类，采取相适应的安装方法。

(2)防盗安全门的门框可采用膨胀螺栓与墙体固定；也可在砌筑墙体时在洞口处预埋铁件，安装时与门框连接焊接。

(3)门框与墙体不论采用何种方式连接，每边均不应少于 3 个连接点，且应牢固连接。

(4)安装防盗安全门前应先测量洞口的规格尺寸，是否与防盗安全门的外框尺寸相符，如发现门洞尺寸小于防盗门的规格，应将其剔凿至需要的尺寸。

(5)安装防盗安全门时应先找直、吊正，尺寸合适后用木楔将其临时固定，并进行调整、校正。调整时应以门扇外表表面为基准平面，检验铁门框安装后是否与门扇平行，如果门框不平行门扇，应调整木楔，直至门框与门扇平行为止，无误后方可进行连接锚固。

(6)有的防盗安全门的门框需在框内填充水泥，以提高防盗门的防撬效果。填充水泥前应先把门关好，并将门扇开启面，门框与门扇之间的防漏孔塞上塑料盖后，方可填充水泥。填充水泥不能过量，否则会使门框变形，影响门的开启，填充水泥 4 小时后，轻轻打开门扇，用螺丝刀将框内水泥按锁孔部位抠净。

(7)推拉式防盗门安装后应推拉灵活；平开门应开启方便，关闭严密牢固。

(8)安全防盗门的拉手、门锁、观察孔等五金配件必须齐全；多功能防盗门上的密码护锁、电子密码报警系统、门铃传呼等装置，必须有效、完善。

三、防火、防盗门安装注意事项

(1)防火、防盗门的质量和各项性能应符合设计要求。

(2)防火、防盗门的品种、类型、规格、尺寸、开启方向、安装位置及防腐处理应符合要求。

(3)带有机械装置、自动装置或智能化装置的防火、防盗门,其机械装置、自动装置或智能化装置的功能应符合实际要求和有关标准的规定。

(4)防火、防盗门的安装必须牢固。预埋件数量、位置、埋设方式、与框的连接施工必须符合设计要求。

(5)防火、防盗门的配件应统一,位置应正确,安装应牢固,功能应满足使用要求和特种门的各项性能要求。

(6)防火、防盗门的表面装饰应符合设计要求。

(7)防火、防盗门的表面应洁净、无划痕、碰伤。

(8)防火、防盗门采用带面漆的成品门时,门框固定前应对门表面贴保护膜进行保护,防止灰浆污染。待墙面装修完成后,方可揭保护膜。

(9)防火、防盗门面漆为后做时,应对装修后的墙面进行保护(可贴 50 mm 宽纸条)。

(10)钢质门安装时,应采取措施,防止焊接作业时电焊火花损坏周围材料。

(11)钢质防火门应贮存在通风干燥处;同时应有防晒、防潮、防腐措施。钢门平放时底部须垫平,门框垛码放高度不得超过 1.5 m;门扇堆放高度不得超过 1.2 m;钢门竖放时,其倾斜角不得大于 20°。

第五章　吊顶与隔墙、隔断安装

第一节　轻钢龙骨吊顶安装

一、轻钢龙骨吊顶的构造

吊顶骨架的组合可以是双层构造，也可以是单层构造。双层构造中的次龙骨、横撑龙骨、小龙骨（或一种龙骨的纵向与横向布置）等C形覆面龙骨紧贴主龙骨（U形或C形大龙骨、承载龙骨）的底面安装吊挂；单层构造的吊顶骨架，无论大、中、小龙骨的布置，均在同一水平面，根据工程实际，也可以不采用大龙骨而以中龙骨进行纵横装设。

U形（或C形）承载大龙骨的中距及吊点间距，不同装饰构造的吊顶其配套材料的要求由设计区别确定。在一般情况下，双层轻钢U、C形龙骨骨架，大龙骨中距应小于等于1200 mm，吊点间距也应小于等于1200 mm，中龙骨中距为500～1500 mm（根据罩面板拼接情况具体确定）；单层吊顶构造的主龙骨中距为400～500 mm．吊点间距为800～1500 mm。

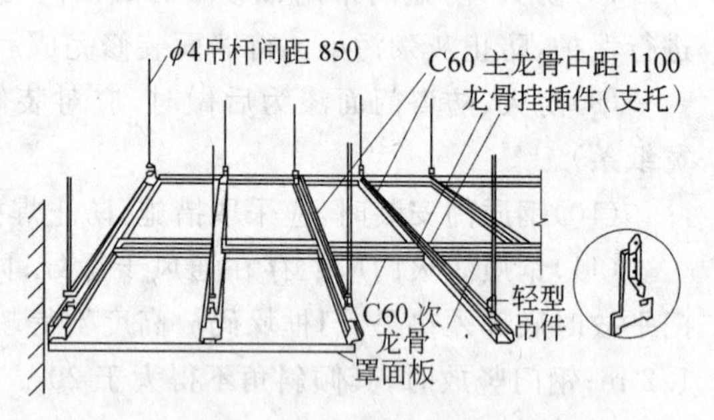

图5-1　轻钢龙骨单层吊顶

单层吊顶的构造在室内装修中应用甚广，如图5-1所示。主要有构造简单，并能在同样吊顶高度效果之下争取到比双层构造更大的吊顶上部空间，而给吊顶内的管道敷设等提供更有利的条件。

二、轻钢龙骨安装

1. 放线

(1)确定标高线。定出地面的基准线，原地坪无饰面要求，基准线为原地平线，如原地坪有饰面要求，基准线则为饰面后的地坪线。

以地坪基准线为起点，根据设计要求在墙（柱）面上量出吊顶的高度，在该点画出高度线（做为吊顶的底标高）。

用一条灌满水的透明软管，一端水平面对准墙（柱）面上的高度线，另一端在同侧墙（柱）面找出另一点，当软管内水平面静止时，画下该点的水平面位置，连接两点即得吊顶高度水平线，此放线的方法称为“水柱法”。确定标高线时，应注意一个房间的基准高度线只能用一个，如图 5-2 所示。

或采用水平仪等方法，根据吊顶设计标高在四周墙壁或柱壁上弹线，弹线应准确、清晰，其水平允许偏差为±5 mm。按吊顶设计标高线再分别确定并弹出次龙骨和主龙骨所在位置的平面基准线。

(2)确定吊点位置。按每平方米一个均匀布置。

2. 固定吊点、吊杆

(1)吊点。常采用膨胀螺栓、射钉、预埋铁件等方式。

(2)吊杆与结构的固定方法，基本上有三种形式：

1)对于板或梁上预留吊钩预埋件。即将吊杆与预埋件焊接、勾挂、拧固或以其他方法连接。

2)在吊点的位置用冲击钻打膨胀螺栓，然后将膨胀螺栓同吊杆焊接。此种方法可省去预埋件，比较灵活。

3)用射钉枪固定射钉，如果选用尾部带孔的射钉，将吊杆穿过尾部的孔即可。如果选用不带孔的射钉，宜选择一个小角钢固定在楼板上，另一条边钻孔，将吊杆穿过角钢的孔即可固定，如图 5-3 所示。

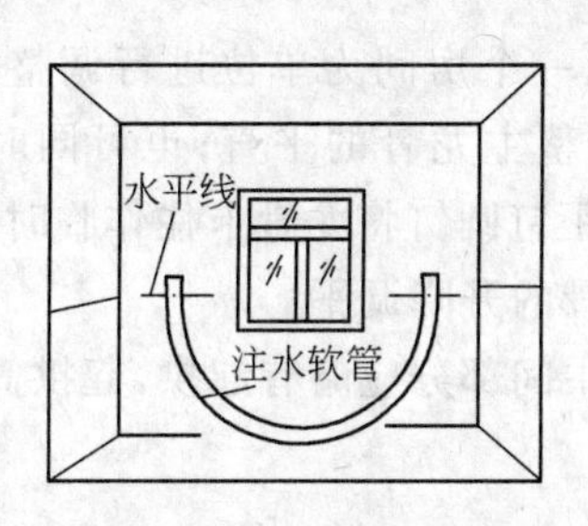

图 5-2　水平标高线的做法

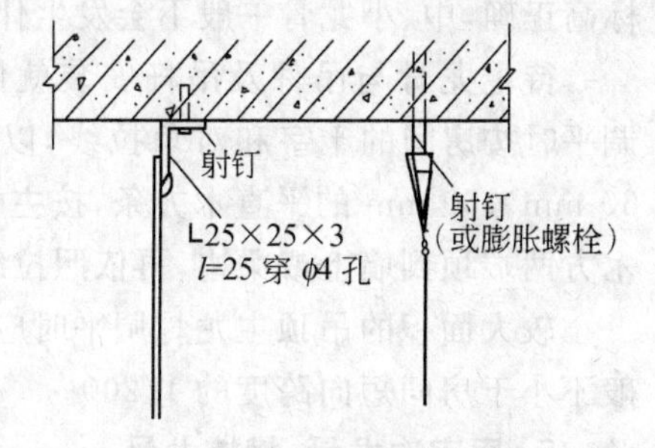

图 5-3　吊杆与结构层固定

吊杆一般采用 φ6～φ8 的钢筋制作，并做防腐处理，下料时，应计算好吊杆的长度尺寸，如下端要套丝的，要注意丝扣的长度留有余地，以备螺母紧固和吊杆的高度方向调节。

3. 安装主龙骨

主龙骨与吊杆连接，可采用焊接，也可采用吊挂件连接，焊接虽然牢固，但维修麻烦。吊挂件一般与龙骨配套使用，安装方便。在龙骨的安装程序上，因为主龙骨在上，所以，吊挂件同主龙骨相连，在主龙骨底部弹线，然后再用连接件将次龙骨与主龙骨固定。在主、次龙骨的安装程序上，可先将主龙骨与吊杆安装完毕，然后再依次安装中龙骨、小龙骨。也可以主、次龙骨一齐安装，二者同时进行。至于采用哪些形式，主要视不同部位及吊顶面积大小决定。

轻钢龙骨吊顶组合示意，如图 5-4 所示；连接节点，如图 5-5 所示。

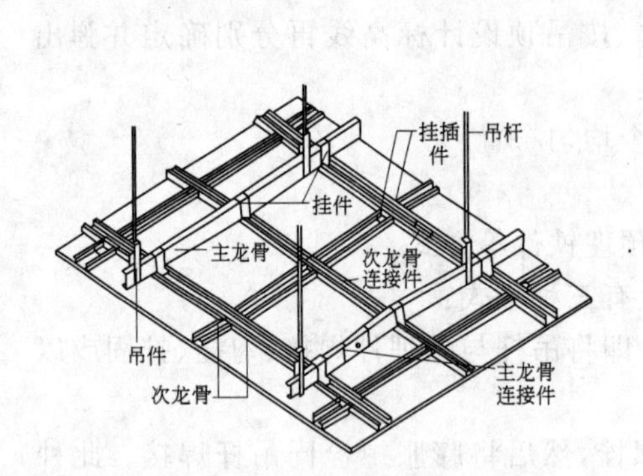

图 5-4 轻钢龙骨吊顶的组合示意

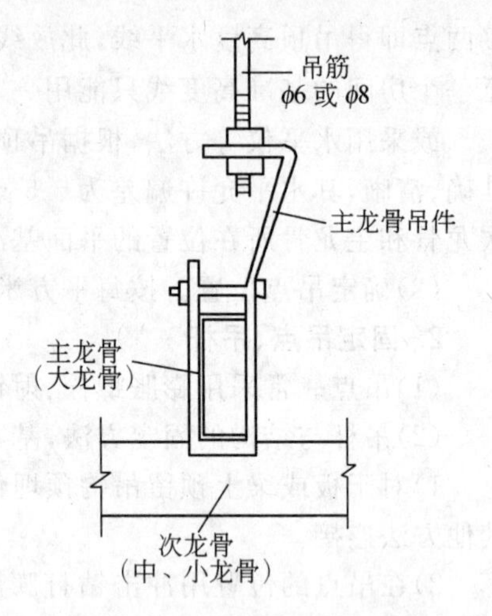

图 5-5 轻钢龙骨吊顶连接节点

4. 调平主龙骨

在安装龙骨前，应根据标高控制线，使龙骨就位并调平主龙骨。只要主龙骨标高正确，中、小龙骨一般不会发生什么问题。

待主龙骨与吊件及吊杆安装就位以后，以一个房间为单位进行调整平直。调平时按房间的十字和对角拉线，以水平线调整主龙骨的平直；也可同时使用 60 mm×60 mm 的平直木方条，按主龙骨的间距钉圆钉将龙骨卡住作临时固定，木方两端顶到墙上或梁边，再依照拉线进行龙骨的升降调平。

较大面积的吊顶主龙骨调平时应注意，其中间部分应略有起拱，起拱高度一般不小于房间短向跨度的 1/200。

5. 固定次龙骨、横撑龙骨

在覆面次龙骨与承载主龙骨的交叉布置点，可使用其配套的龙骨挂件（或称吊挂件、挂搭）将二者上下连接固定，龙骨挂件下部勾挂住覆面龙骨，上端搭在承载龙骨上，将其 U 形或 W 形腿用钳子嵌入承载龙骨内，如图 5-6 所示。

中龙骨的位置根据大样图按板材尺寸而定，如果间距较大（大于 800 mm）时，在中龙骨之间增加小龙骨，小龙骨与中龙骨平行，与大龙骨垂直用小吊挂件固定。

固定横撑龙骨。横撑龙骨用中、小龙骨截取，其位置与中、小龙骨垂直，装在罩面板的拼接处，如装在罩面板内部或者作为边龙骨时，宜用小龙骨截取。横撑龙骨与中、小龙骨的连接，采用中、小接插件连接牢固，再安装沿边异形龙骨。

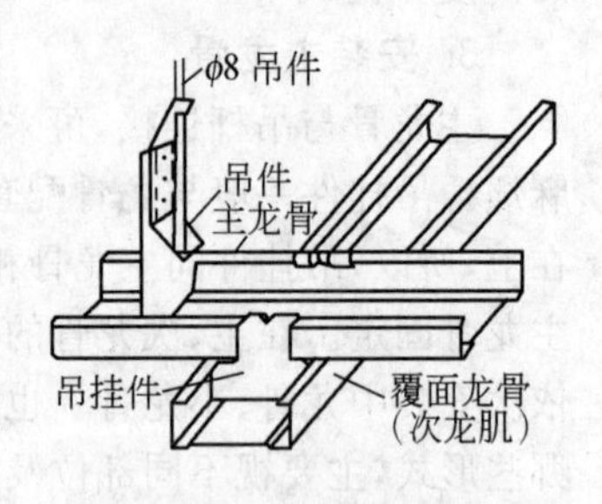

图 5-6 主、次龙骨连接

横撑龙骨与中、小龙骨的底面必须平顺，所有接头处不得有下沉，以便于罩面板安装。

横撑龙骨的间距与中龙骨的间距，都必须根据所使用罩面板的每块实际尺寸决定。主、次龙骨长度方向可用接插件连接，接头处要错开。龙骨的安装，一般是按照预先弹好的位置，从一端依次安装到另一端。如果有高低迭级，常规做法是先安装高的部分，然后再安装低的部分。对于检修孔、上人孔、通风篦子等部位，在安装龙骨的同时，应将尺寸及位置留出，将封边的横撑龙骨安装完毕。如果有吊顶下部悬挂大型灯饰，龙骨与吊杆都应做好配合，有些龙骨还需断开，那么，在构造上还应采取相应的加固措施。如若大型灯饰，悬挂最好同龙骨脱开，以便安全使用。如若一般灯具，对于隐蔽式装配吊顶，可以将灯具直接固定在龙骨上。

三、吊顶罩面板安装

龙骨安装完毕后要进行认真检查，符合要求后才能安装罩面板。对安装完毕的轻钢龙骨架，特别要检查对接和连接处的牢固性，不得有漏连、虚接、虚焊等现象。以纸面石膏板安装为例。

1. 纸面石膏板的钉装

(1)板材应在自由状态下就位固定，以防止出现弯棱、凸鼓等现象。

(2)纸面石膏板的长边(包封边)，应沿纵向次龙骨铺设。

(3)板材与龙骨固定时，应从一块板的中间向板的四边循序固定，不得采用在多点上同时作业的做法。

(4)用自攻螺钉铺钉纸面石膏板时，钉距以 150～170 mm 为宜。

(5)螺钉应与板面垂直。自攻螺钉与纸面石膏板边的距离：距包封边(长边)以 10～15 mm 为宜；距切割边(短边)以 15～20 mm 为宜。

(6)钉头略埋入板面，但不能致使板材纸面破损。

(7)在装钉操作中，如出现有弯曲变形的自攻螺钉时，应予剔除，在相隔 50 mm的部位另安装自攻螺钉。

(8)纸面石膏板的拼接缝处，必须是安装在宽度不小于 40 mm 的 C 形龙骨上；其短边必须采用错缝安装，错开距离应不小于 300 mm。

(9)安装双层石膏板时，面层板与基层板的接缝也应错开，上下层板各自的接缝不得同时落在同一根龙骨上。

2. 嵌缝处理

整个吊顶面的纸面石膏板铺钉完成后，应进行检查，并将所有自攻螺钉的钉头涂刷防锈涂料，然后用石膏腻子嵌平。此后即作板缝的嵌填处理，其程序如下：

(1)清扫板缝。用小刮刀将嵌缝石膏腻子均匀饱满地嵌入板缝，并在板缝处刮涂约 60 mm 宽、1 mm 厚的腻子。随即贴上穿孔纸带(或玻璃纤维网格胶带)，使用宽约 60 mm 的腻子刮刀顺穿孔纸带(或纤网格胶带)方向压刮,将多余的腻子挤出,并刮平、刮实、不可留有气泡。

(2)用宽约 150 mm 的刮刀将石膏腻子填满宽约 150 mm 的板缝处带状部分。

(3)用宽约 300 mm 的刮刀再补一遍腻子,其厚度不得超出 2 mm。

(4)待腻子完全干燥后(约 12 小时),用 2 号砂布或砂纸将嵌缝石膏腻子打磨平滑,其中部分略微凸起,但要向两边平滑过渡。

设计中考虑选用的纸面石膏板作为基层板,要想获得满意的装饰效果,那么必须在其表面饰以其他装饰材料。吊顶工程的饰面做法很多,常用的有裱糊壁纸、涂乳胶漆、喷涂及镶贴各种类型的罩面板等。

第二节 铝合金龙骨吊顶安装

一、铝合金龙骨吊顶构造

铝合金龙骨表观密度比较小,型材表面经过阳极氧化处理,表面光泽美观,有较强的抗腐、耐酸碱能力,防火性好,安装简单,适用于公共建筑大厅、楼道、会议室、卫生间、厨房间等吊顶。

单独由 T 形(及其 L 形边龙骨)铝合金龙骨装配的吊顶,只能是无附加荷载的装饰性单层轻型吊顶,它适宜于室内大面积平面顶棚装饰,与轻钢 U、C 形龙骨单层吊顶的主要不同点是它可以较灵活地将饰面板材平放搭装,而不必进行封闭式钉固安装,其次是必要时可作明装(外露纵横骨架)、暗装(板材边部企口。嵌装后骨架隐藏)或是半明半暗式安装(外露部分骨架),如图 5-7 所示。

当必须满足吊顶的一定承载能力时,则需与轻钢 U 形或 C 形承载龙骨相配合,即成为双层吊顶构造,如图 5-8 所示。

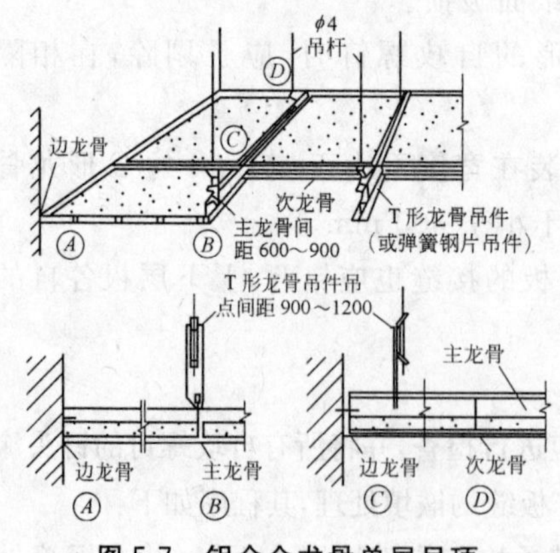

图 5-7 铝合金龙骨单层吊顶

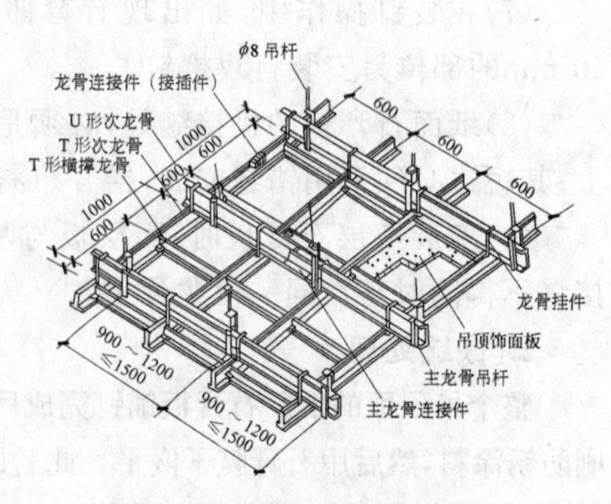

图 5-8 铝合金龙骨双层吊顶

二、铝合金龙骨安装

1. 放线定位

放线主要是弹标高和龙骨布置线。

(1)根据设计图纸,结合具体情况,将龙骨及吊点位置弹到楼板底面上。如果吊顶设计要求具有一定造型或图案,应先弹出吊顶对称轴线,龙骨及吊点位置应对称布置。龙骨和吊杆的间距、主龙骨的间距是影响吊顶高度的重要因素。不同的龙骨断面及吊点间距,都有可能影响主龙骨之间的距离。各种吊顶、龙骨间距和吊杆间距一般都控制在 1.0～1.2 m 以内。弹线应清晰位置正确。

铝合金板吊顶,如果是将饰面板卡在龙骨之上,龙骨应与板成垂直;如用螺钉固定,则要看饰面板的形状,以及设计上的要求而具体掌握。

(2)确定吊顶标高。利用“水柱法”将设计标高线弹到四周墙面或柱面上;如果吊顶有不同标高,那么应将变截面的位置弹到楼板上。然后,再将角铝或其他封口材料固定在墙面或柱面,封口材料的底面与标高线重合。角铝常用的规格为 25 mm×25 mm,铝合金板吊顶的角铝应同板的色彩一致。角铝多用高强水泥钉固定,亦可用射钉固定。

2. 固定悬吊体系

(1)悬吊形式。采用简易吊杆的悬吊有镀锌铁丝悬吊、伸缩式吊杆悬吊和简易伸缩吊杆悬吊三种形式。

1)镀锌铁丝悬吊。由于活动式装配吊顶一般不做上人考虑,所以在悬吊体系方面也比较简单。目前用得最多的是射钉将镀锌铁丝固定在结构上,另一端同主龙骨的圆形孔绑牢。镀锌铁丝不宜太细,如若单股使用,不宜用小于 14 号的镀锌铁丝。

2)伸缩式吊杆悬吊。伸缩式吊杆的形式较多,用得较为普遍的是将 8 号镀锌铁丝调直,用一个带孔的弹簧钢片将两根铁丝连起来,调节与固定主要是依靠弹簧钢片。当用力压弹簧钢片时,将弹簧钢片两端的孔中心重合,吊杆就可伸缩自由。当手松开后,孔中心错位,与吊杆产生剪力,将吊杆固定。操作非常方便,其形状如图 5-9 所示。

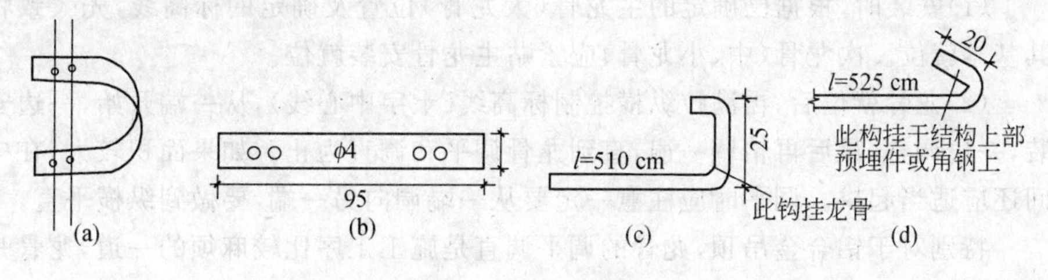

图 5-9　伸缩式吊杆

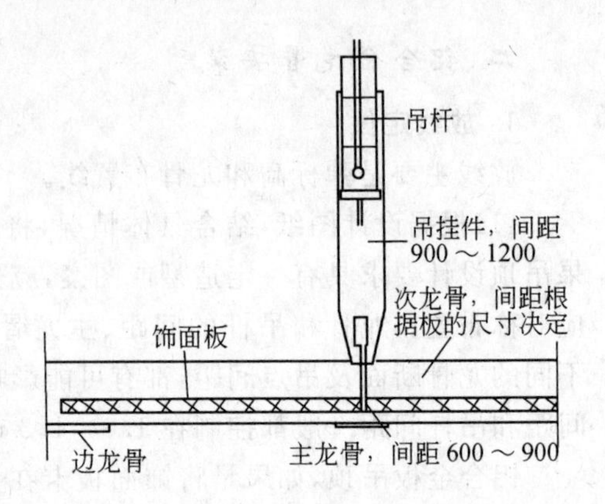

图 5-10　简易伸缩式吊杆

铝合金板吊顶，如果选用将板条卡到配置使用的龙骨上，宜选用伸缩式吊杆。龙骨的侧面有间距相等的孔眼，悬吊时，在两侧面孔眼上用铁丝拴一个圈或钢卡子，吊杆的下弯钩吊在圈上或钢卡上。

3)简易伸缩吊杆悬吊。如图 5-10 所示的吊一种简易的伸缩吊杆，伸缩与固定的原理同图 5-9 所示是一样的，只是在弹簧钢片的形状上有些差别。

上述介绍的均属简易吊杆，构造比较简单，一般施工现场均可自行加工。稍复杂一些的是游标卡尺式伸缩吊杆，虽然伸缩效果好，但制作比较麻烦。有些上人吊顶，为了安全起见，也选用圆钢或角钢做吊杆，但龙骨也大部分采用普通型钢。

(2)吊杆或镀锌铁丝的固定。与结构层的固定，常用的办法是用射钉枪将吊杆与镀锌铁丝固定。可以选用尾部带孔或不带孔的两种射钉规格。如果选用尾部带孔的射钉，只要将吊杆一端的弯钩或铁丝穿过圆孔即可。如果射钉尾部不带孔，一般常用一块小角钢，角钢的一条边用射钉固定，另一条边钻一个 5 mm 左右的孔，然后再将吊杆穿过孔将其悬挂。悬吊宜沿主龙骨方向，间距不宜大于 1.2 m。在主龙骨的端部或接长处，需加设吊杆或悬挂铁丝。如若选用镀锌铁丝悬吊，不应绑在吊顶上部的设备管道上，因为管道变形或局部维修，对吊顶面的平整度带来影响。

如果用角钢一类材料做吊杆，则龙骨也可以大部分采用普通型钢，应用冲击钻固定膨胀螺栓，然后将吊杆焊在螺栓上。吊杆与龙骨的固定，可以采用焊接或钻孔用螺栓周定。

3. 安装调平龙骨

(1)安装时，根据已确定的主龙骨(大龙骨)位置及确定的标高线，先大致将其基本就位。次龙骨(中、小龙骨)应紧贴主龙骨安装就位。

(2)龙骨就位后，再满拉纵横控制标高线(十字中心线)，从一端开始，一边安装，一边调整，最后再精调一遍，直到龙骨调平和调直为止。如果面积较大，在中间还应适当起拱。调平时应注意一定要从一端调向另一端，要做到纵横平直。

特别对于铝合金吊顶，龙骨的调平调直是施工工序比较麻烦的一道，龙骨是否调平，也是吊顶质量控制的关键。因为只有龙骨调平，才能使饰面达到理想的装饰效果。否则，波浪式的吊顶表面，宏观看上去很不顺眼。

(3)边龙骨宜沿墙面或柱面标高线钉牢。固定时，一般常用高强水泥钉，钉的间距不宜大于 50 cm。如果基层材料强度较低，紧固力不好，应采取相应的措施，改用膨胀螺栓或加大钉的长度等办法。边龙骨一般不承重，只起封口作用。

(4)主龙骨接长。一般选用连接件接长。连接件可用铝合金，亦可用镀锌钢板，在其表面冲成倒刺，与主龙骨方孔相线连。全面校正主、次龙骨的位置及水平度，连接件应错位安装。

三、吊顶罩面板安装

参见本章第一节“轻钢龙骨吊顶安装”相关内容。

第三节　轻钢龙骨隔墙安装

一、轻钢龙骨的安装

轻钢龙骨的安装顺序是：墙位放线→安装沿顶、沿地龙骨→安装竖向龙骨(包括门口加强龙骨)→安装横撑龙骨、通贯龙骨→各种洞口龙骨加固→安装墙内管线及其他设施。

1. 墙位放线

根据设计要求，在楼(地)面上弹出隔墙位置线，即中心线及隔墙厚度线，并引测到隔墙两端墙(或柱)面及顶棚(或梁)的下面，同时将门口位置、竖向龙骨位置在隔墙的上、下处分别标出，作为标准线，而后再进行骨架组装。如果设计要求需设墙基的，应按准确位置先做隔墙基座的砌筑。

2. 安装沿顶、沿地龙骨

在楼地面和顶棚下分别摆好横龙骨，注意在龙骨与地面、顶面接触处应铺填橡胶条或沥青泡沫塑料条，再按规定间距用射钉或用电钻打孔塞入膨胀螺栓，将沿地、沿顶龙骨固定于楼(地)面和顶(梁)面。射钉或电钻打孔按 0.6～1.0 m 的间距布置，水平方向不应大于 0.8 m，垂直方向不大于 1.0 m。射钉射入基体的最佳深度：混凝土为 22～32 mm，砖墙为 30～50 mm。

3. 安装竖向龙骨

竖向龙骨的间距要依据罩面板的实际宽度而定，对于罩面板材较宽者，需在中间再加设一根竖龙骨，比如板宽 900 mm，其竖龙骨间距宜为 4.50 mm。将预先切截好长度的竖向龙骨推向沿顶、沿地龙骨之间，翼缘朝向罩面板方向。应注意竖龙骨的上下方向不能颠倒，现场切割时，只可从其上端切断。门窗洞口处应采用加强龙骨，如果门的尺度大并且门扇较重时，应在门洞口处上下另加斜撑。

4. 安装横撑和通贯龙骨

在竖向龙骨上安装支撑卡与通贯龙骨连接；在竖向龙骨开口面安装卡托与

横撑连接；通贯龙骨的接长使用其龙骨接长件。

5. **安装墙体内管线及其他装设**

在隔墙轻钢龙骨主配件组装完毕，罩面板铺钉之前，要根据要求敷设墙内暗装管线、开关盒、配电箱及绝缘保温材料等，同时固定有关的垫缝材料。

二、饰面板安装

参见第六章“饰面板安装”。

第四节　铝合金隔断安装

铝合金隔断是用铝合金型材组成框架，再配以各种玻璃或其他材料装配而成。

一、铝合金龙骨安装

铝合金隔断是用铝合金型材组成框架。其主要施工工序为：弹线定位→铝合金材料划线下料→固定及组装框架。

1. **弹线定位**

(1)弹线定位内容：

①根据施工图确定隔断在室内的具体位置；

②隔墙的高度；

③竖向型材的间隔位置等。

(2)弹线顺序：

①弹出地面位置线；

②用垂直法弹出墙面位置和高度线，并检查与铝合金隔断相接墙面的垂直度；

③标出竖向型材的间隔位置和固定点位置。

2. **划线下料**

划线下料是一项细致的工作，如果划线不准确，不仅使接口缝隙不太美观，而且还会造成不必要的浪费。所以，划线的准确度要高，其精度要求为长度误差±0.5 mm。

划线时，通常在地面上铺一张干净的木夹板，将铝合金型材放在木夹板上，用钢尺和钢划针对型材划线。同时，在划线操作时注意不要碰伤型材表面。划线下料应注意以下事项：

(1)应先从隔断中最长的型材开始，逐步到最短的型材，并应将竖向型材与横向型材分开进行划线。

(2)划线前，应注意复核一下实际所需尺寸与施工图中所标注的尺寸有否误差。如误差小于 5 mm,则可按施工图尺寸下料,如误差较大,则应按实量尺寸施工。

(3)划线时,要以沿顶和沿地型材的一个端头为基准,划出与竖向型材的各连接位置线,以保证顶、地之间竖向型材安装的垂直度和对位准确性。要以竖向型材的一个端头为基准,划出与横档型材各连接位置线,以保证各竖向龙骨之间横档型材安装的水平度。划连接位置线时,必须划出连接部的宽度,以便在宽度范围内安置连接铝角。

(4)铝合金型材的切割下料,主要用专门的铝材切割机,切割时应夹紧型材,锯片缓缓与型材接触,切不可猛力下锯。切割时应齐线切,或留出线痕,以保证尺寸的准确。切割中,进刀用力均匀才能使切口平滑。快要切断时,进刀用力要轻,以保证切口边部的光滑。

3. 安装固定

半高铝合金隔断,通常是先在地面组装好框架后,再竖立起来固定,全封铝合金隔断通常是先固定竖向型材,再安装横档型材来组装框架。铝合金型材相互连接主要是用铝角和自攻螺丝。铝合金型材与地面、墙面的连接则主要是用铁脚固定法。

(1)型材间的相互连接件。隔断的铝合金型材,其截面通常是矩形长方管,常用规格为 76 mm×45 mm 和 101 mm×45 mm(截面尺寸)。铝合金型材组装的隔断框架,为了安装方便及美观效果,其竖向型材和横向型材一般都采用同一规格尺寸的型材。

1)型材的安装连接主要是竖向型材与横向型材的垂直接合,目前所采用的方法主要是铝角件连接法。

2)铝角件连接的作用有两个方面:一方面是将两件型材通过第三者——铝角件互相接合;另一方面起定位作用,防止型材安装后的转动现象。

3)所用的铝角通常是厚铝角,其厚度为 3 mm 左右,在一些非重要位置也可以用型材的边角料来做铝角连接件。

4)对连接件的基本要求是有一定强度和尺寸准确,铝角件的长度应是型材的内径长,铝角件可正好装入型材管的内腔之中。铝角件与型材的固定,通常用自攻螺丝。

(2)型材相互连接方法。沿竖向型材,在与横向型材相连接的划线位置上固定铝角。

1)固定前,先在铝角件上打出 $\phi3$ mm 或 $\phi4$ mm 的两个孔,孔中心距铝角件端头 10 mm 左右。然后,用一小截型材(厚 10 mm 左右)放入竖向型材上即将固定横向型材的划线位置上。再将铝角件放入这一小截型材内,并用手电钻和用相同于铝角件上小孔直径的钻头,通过铝角件上小孔在竖向型材上打出两孔,如图 5-11 所示。最后用 M4 或 M5 的自攻螺丝,把铝角件固定在竖向型材上。用这种方法固定铝角件,可使两型材在相互对接后,保证垂直度和对缝的准确性。这一小截型材在操作工艺中起到了模规的作用。

2)横向型材与竖向型材对连时,先要将横向型材端头插入竖向型材上的铝角件,并使其端头与竖向型材侧面靠紧。再用手电钻将横向型材与铝角件打孔,孔位通常为两个,然后用自攻螺丝固定,一般方法是钻好一个孔位后马上用自攻螺丝固定,再接着打下一个孔。

两型材接合的形式如图 5-12 所示。所用自攻螺丝通常为半圆头 M4×20 或 M5×20。

3)为了对接处的美观,自攻螺丝的安装位置该在较隐蔽处。通常的处理方法为:如对接处在 1.5 m 以下,自攻螺丝头安装在型材的下方:如对接处在 1.8 m 以上,自攻螺丝安装在型材的上方。这在固定铝角件时将其弯角的方向变一下即可。

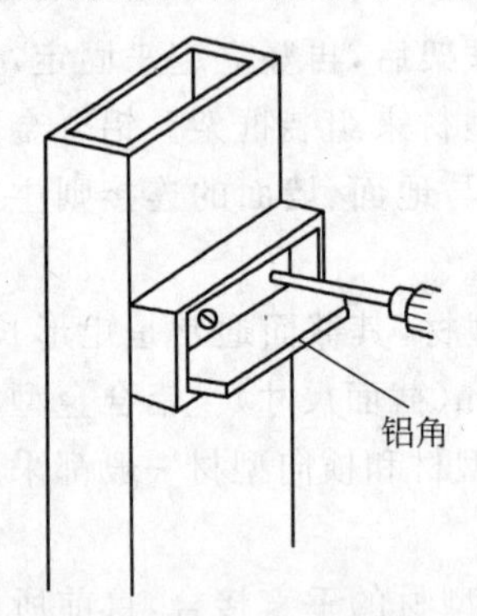

图 5-11　铝角件与竖向型材的连接

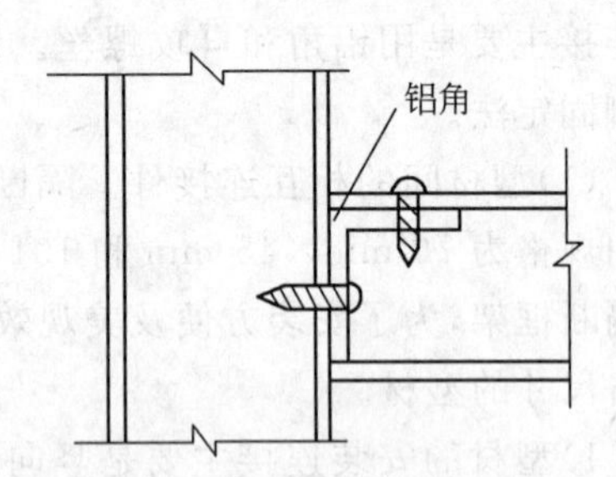

图 5-12　两型材的接合形式

(3)框架与墙、地面的固定:铝合金框架与墙面、地面的固定,通常用铁脚件。铁脚件的一端与铝合金框架连接,另一端与墙面或地面固定。

1)固定前,先找好墙面上和地面上的固定点位置,避开墙面的重要饰面部分和设备及线路部分,如果与木墙面固定,固定点必须安排在有木龙骨的位置处。然后,在墙面或地面的固定点位置上,做出可埋入铁脚件的凹槽。如果墙面或地面还将进行批灰处理,可不必做出此凹槽。

2)按墙面或地面的固定点位置,在沿墙、沿地或沿顶型材上划线,再用自攻螺丝把铁脚件固定在划线位置上。

3)铁脚件与墙面、地面的固定,可用膨胀螺栓或铁钉木楔方法,但前者的固定稳固性优于后者。如果是与木墙面固定,铁脚件可用木螺钉固定于墙面内木龙骨上,如图 5-13 所示。

4. 组装方法

铝合金隔断框架有两种组装方式:一种是先在地面上进行平面组装,然后将组装好的框架竖起进行整体安装；另一种是直接对隔断框架进行安装。但不论哪一种方式，在组装时都是从隔断框架的一端开始。通常，先将靠墙的竖向型材与铝角件固定，再将横撑型材通过铝角件与竖向型材连接，并以此方法组成框架。

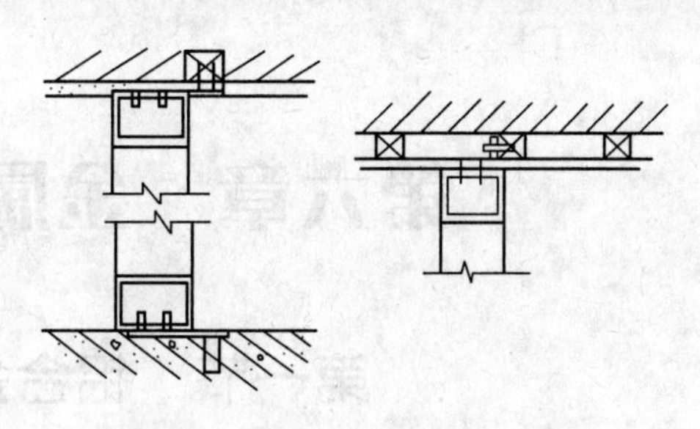

图 5-13 铝框架与墙地面的固定

以直接安装方法组装隔断骨架时，要注意竖向型材与墙面、地面的安装固定；通常是先定位，再与横撑型材连接，然后再与墙面、地面固定。

二、安装铝合金饰面板和玻璃

铝合金型材隔断在 1 m 以下部分，通常用铝合金饰面板，其余部分通常是安装玻璃。其安装方法参见铝合金饰面板安装。

第六章 金属饰面板安装

第一节 铝合金饰面板安装

铝合金饰面板是一种高档的饰面材料，由于铝板经阳极氧化的饰面处理后进行电解着色，可以使其获得不同厚度的彩色氧化镀膜，不但具有极高的表面硬度与耐磨性，而且化学性能在大气中极为稳定，色彩与光泽保存良久。一般铝合金氧化镀膜厚不小于 12 μm。

铝合金饰面板材，按其形状可分为条状板（指板条宽度不大于 150 mm 的拉伸板）、矩形、方形及异形冲压板；按其功能可分为普通有肋板及具有保温、隔声功能的蜂窝板、穿孔板。板材截面由支承骨架的刚度及安装固定方式确定。

铝合金饰面板，一般由钢或铝型材做骨架（包括各种横、竖杆），铝合金板做饰面。骨架大多用型钢，因型钢强度高、焊接方便、价格便宜、操作简便。

一、骨架安装

1. 放线

放线是铝合金板饰面安装的重要环节。首先要将支承骨架的安装位置准确地按设计图要求弹至主体结构上，详细标定出来，为骨架安装提供依据。因此，放线、弹线前应对基体结构的几何尺寸进行检查，如发现有较大误差，应会同各方进行处理。达到放线一次完成，使基层结构的垂直与平整度满足骨架安装平整度和垂直度的要求。

2. 安装固定连接件

型钢、铝材骨架的横、竖杆件是通过连接件与结构基体固定的。连接件与墙面上的膨胀螺栓连接较为灵活，尺寸易于控制。

连接件必须牢固。连接件安装固定后，应作隐藏检查记录，包括连接焊缝的长度、厚度、位置；膨胀螺栓的埋置标高位置、数量与嵌入深度。必要时还应作抗拉、抗拔测试，以确定其是否达到设计要求。连接件表面应作防锈、防腐处理，连接焊缝应涂刷防锈漆。

3. 安装固定骨架

骨架安装前必须先进行防锈处理，安装位置应准确无误，安装中应随时检查标高及中心线位置。对于面积较大、层高较高的外墙铝板饰面的骨架竖杆，必须用线锤和仪器测量校正，保证垂直和平整，还应作好变形截面、沉降缝、变形缝等处的细部处理，为饰面铝板顺利安装创造条件。

二、铝合金饰面板的安装

铝合金装饰板随建筑立面造型的不同而异，安装扣紧方法也较多，操作顺序也不限样式。通常铝合金饰面板的安装连接有如下两种：一是直接安装固定，即将铝合金板块用螺栓直接固定在型钢上；二是利用铝合金板材压延、拉伸、冲压成型的特点，做成各种形状，然后将其压在特制的龙骨上，或两种安装方法混合使用。前者耐久性好，常用于外墙饰面工程；后者施工方便，适宜室内墙面装饰。铝合金饰面根据材料品种的不同，其安装方法也各异。

1. 铝合金板条安装

铝合金饰面板条一般宽度不大于 150 mm，厚度大于 1 mm，标准长度为 6 m，经氧化膜处理。板条通过焊接型钢骨架用膨胀螺栓连接或连接铁件与建筑主体结构上的预埋件焊接固定。当饰面面积较大时，焊接骨架可按板条宽度直接拧固于骨架上。此种板条的安装，由于采用后条扣压前条形码的构造方法，可使前块板条安装固定的螺钉被后块板条扣压遮盖，从而达到使螺钉全部暗装的效果，既美观，又对螺钉起保护作用。安装板条时，可在每条板扣嵌时留 5～6 mm 间隙形成凹槽，增加扣板起伏，加深立面效果。安装构造，如图 6-1 所示。

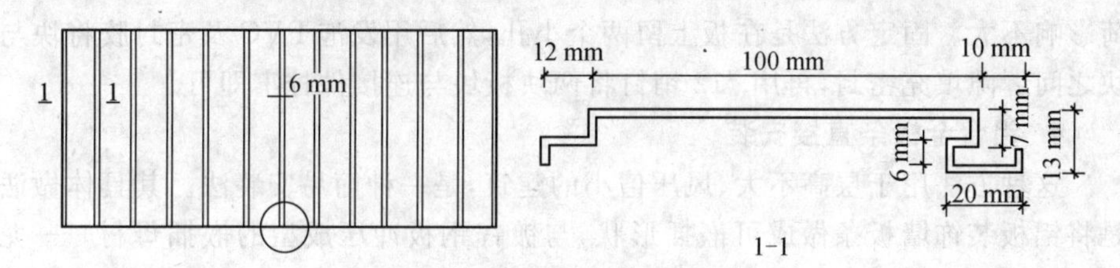

图 6-1 铝合金板条安装示意图

2. 复合铝合金隔热墙板安装

复合铝合金隔热板均为蜂窝中空状，系由厂家模具拉伸成型。

(1)成型复合蜂窝隔热板，周边用异形边框嵌固，使之具有足够刚度，并用 PVC 泡沫塑料填充空隙，聚氨酯密封胶封堵防水。此种饰面板的安装构造，由埋墙膨胀螺栓固定角钢及方钢管立柱，用螺栓与角钢相连，并在方钢管上用螺栓固定型钢连接件，将嵌有复合蜂窝隔热板的异型钢边框螺栓固定在空心方形钢立柱上，即形成饰面墙板。

(2)成型复合蜂窝隔热板，在生产时即将边框与固定连接件一次压制成型，边框与蜂窝板连接嵌固密封。安装方法是角钢与墙体连接，U 形吊挂件嵌固在角钢内穿螺栓连接。U 形吊挂件与边框间留有一定空隙，用发泡 PVC 填充，两块板间留 20 mm 缝，用一块成型橡胶带压死防水，如图 6-2 所示。

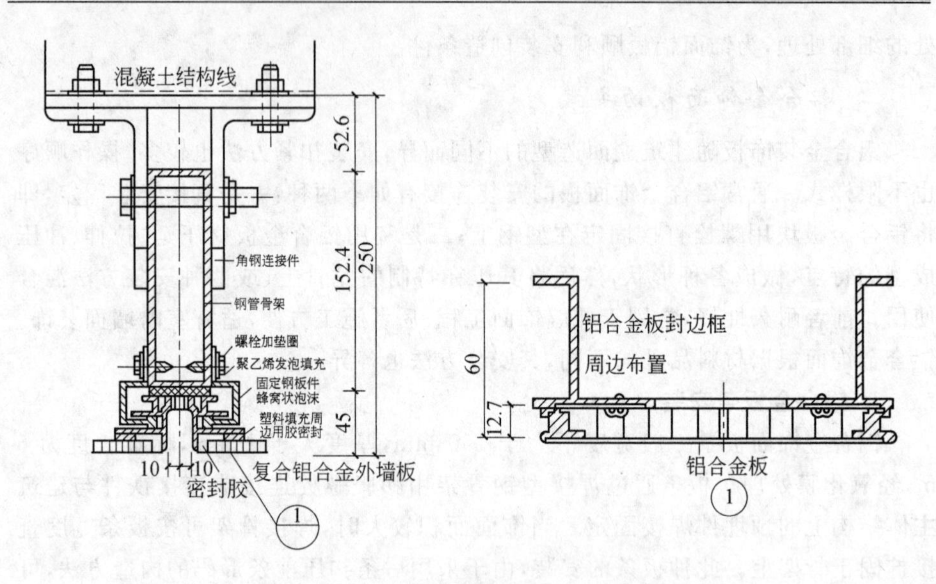

图 6-2 铝合金墙面板固定示意图

3. 铝合金柱面板安装

由于柱面板的基体柱一般为 1～2 层，尤其是室内柱高不会太大，因此受风荷影响不大。固定方法是在板上留两个小孔，然后用发泡 PVC 及密封胶将块与块之间缝隙填充密封，再用 $\phi12$ 销钉将两块板块与连接件拧牢即可。

4. 铝合金板条直接安装

这种方法用于层高不大、风压值小的建筑，是一种简易安装法。其具体做法是将铝板装饰墙板条做成可嵌插形状，与镀锌钢板冲压成型的嵌插母材——龙骨嵌插，再用连接件把龙骨与墙体螺栓锚固。这种连接方法操作简便能够大大加快施工进度。

第二节 不锈钢饰面板安装

不锈钢饰面具有金属光泽和质感，具有不锈蚀的特点和镜面的效果。此外，还具有强度和硬度较大的特点，在施工和使用的过程中不易发生变形。

一、墙面、方柱面不锈钢饰面板安装

在墙面方柱体上安装不锈钢板，一般采用粘贴法将不锈钢板固定在木夹层上，然后再用不锈钢型角压边。其施工工艺顺序为：检查基体骨架→粘贴木夹板→镶贴不锈钢板→压边、封口。

1. 检查基体骨架

粘贴木夹板前，应对基体骨架进行垂直度和平整度的检查，若有误差应及时

修整。

2. 粘贴木夹板

骨架检查合格后，在骨架上涂刷万能胶，然后把木夹板粘贴在骨架上，并用螺钉固定，钉头砸入夹板内。

3. 镶贴不锈钢板

在木夹板面层上涂刷万能胶，并把不锈钢板粘贴在木夹板上。

4. 压边、封口

在柱子转角处，一般用不锈钢成型角压边，在压边不锈钢成型角处用少量玻璃胶封口，如图 6-3 所示。

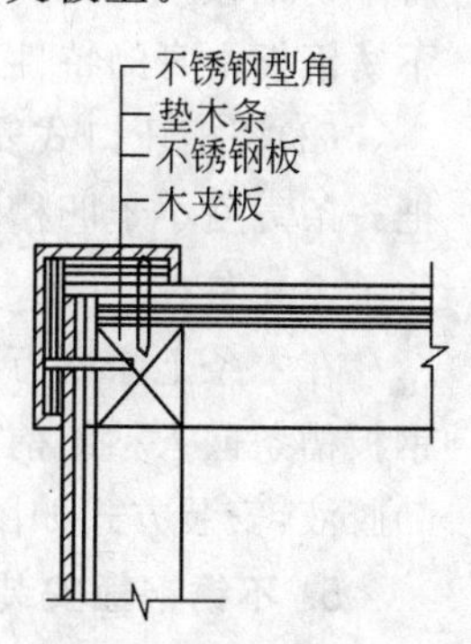

图 6-3 不锈钢板安装及转角处理

二、圆柱不锈钢饰面板安装

用骨架做成的圆柱体，圆柱面不锈钢板安装可以采用直接卡口式和嵌槽压口式进行镶贴，其常用构造如图 6-4 所示。

不锈钢圆柱饰面安装施工的施工工艺顺序为：检查柱体→修整柱体基层→不锈钢板加工成曲面板→不锈钢板安装→表面抛光处理。

1. 检查柱体

柱体的施工质量直接影响不锈镉板面的安装质量。

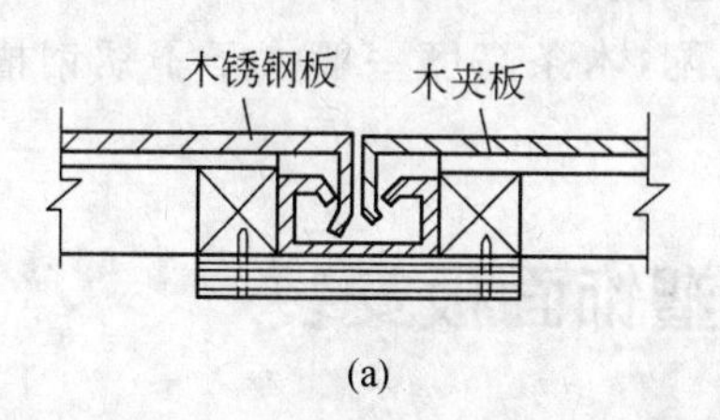

(a)

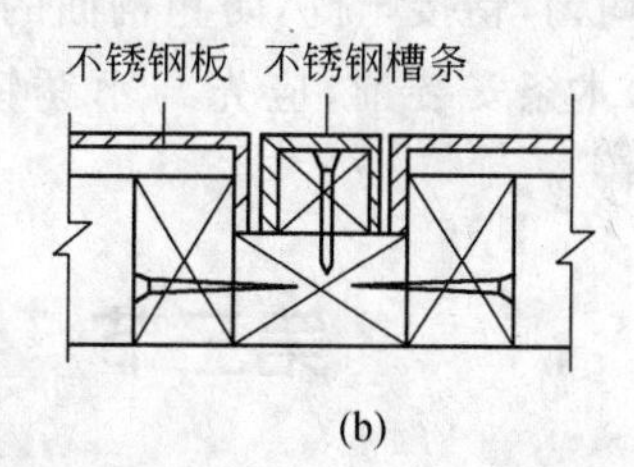

(b)

图 6-4 不锈钢圆柱镶面构造

(a)直接卡入不敷出式安装；(b)嵌槽压口式安装

安装前要对柱体的垂直度、圆度、平整度进行检查，若误差大，必须进行返工。

2. 修整柱体基层

检查圆柱体，要对柱体进行修整，不允许有凸凹不平和表面存有杂物、油渍等。

3. 钢板加工

一个圆柱面一般都由两片或三片不锈钢曲面板组合而成。曲面板的加工通常是在卷板机上进行的。即将不锈钢板放在卷板机上进行加工。加工时，应用圆弧样板检查曲板的弧度是否符合要求。

4. 不锈钢板安装

不锈钢板安装的关键在于片与片间的对口处的处理。安装对口的方式主要有直接卡口式和嵌槽压口式两种。

(1)直接卡口式安装。直接卡口式是在两片不锈钢板对口处,安装一个不锈钢卡口槽,该卡口槽用螺钉固定于柱体骨架的凹部。安装柱面不锈钢板时,只要将不锈钢板一端的弯曲部,勾入卡口槽内,再用力推按不锈钢板的另一端,利用不锈钢板本身的特性,使其卡入另一个卡口槽内,如图 6-4(a)所示。

(2)嵌槽压口式安装。先把不锈钢板在对口处的凹部用螺钉(铁钉)固定,再把一条宽度小于凹槽的木条固定在凹槽中间。两边空出的间隙相等,其间隙宽为 1 mm 左右。

在木条上涂刷万能胶,等胶面不粘手时,向木条上嵌入不锈钢槽条。在不锈钢板槽条嵌入粘结前,应用酒精或汽油清擦槽条内的油迹污物,并涂刷一层薄薄的胶液,安装方式如图 6-4(b)所示。

5. 不锈钢板安装的注意事项

(1)安装卡口槽及不锈钢槽条时,尺寸准确,不能产生歪斜现象。

(2)固定凹槽的木条尺寸、形状要准确。尺寸准确既可保证木条与不锈钢槽的配合松紧适度,安装时不需用锤大力敲击,避免损伤不锈钢槽面,又可保证不锈钢槽面与柱体面一致,没有高低不平现象;形状准确可使不锈钢槽嵌入木条后胶结面均匀,粘接牢固,防止槽面的侧歪现象。

(3)木条安装前,应先与不锈钢试配,木条高度一般大于不锈钢槽的深度 0.5 mm。

第三节 铝塑饰面板安装

铝塑饰面板墙面装修作法有多种,不论哪种作法,均不允许将高级铝塑板直接贴于抹灰找平层上,最好是贴于纸面石膏板、FC 纤维水泥加压板、耐燃型胶合板等比较平整的基层上或铝合金扁管做成的框架上(要求横、竖向铝合金扁管分格应与铝塑板分格一致)。

一、铝塑饰面板的加工

1. 弹线

按具体设计,根据铝塑板的分格尺寸在基层板上弹出分格线。

2. 翻样、试拼、裁切、编号

按设计要求及弹线,对铝塑板进行翻样、试拼,然后将铝塑板准备裁切、编号备用。铝塑板裁切加工时需注意以下几点:

(1)铝塑板可用手动或电动工具进行开孔、弯曲、切削、裁切等加工。

(2)为了避免擦伤铝塑板表面，加工时应使用铝制或木制定规，及油性签字笔进行画线、作标记等(可用甲苯溶剂擦掉)。

(3)裁切铝塑板时，第一，须将工作台彻底清拭干净。第二，由正面裁切时，须连同保护膜一起裁切，装修完工后再撕去保护膜。由背面裁切时，因镜面向下，故须特别注意工作台面不得有任何不净及附有尘屑、硬粒之处，以免板面受伤。

(4)铝塑板作大量及大面积直线切断时，可用升降盘电锯、刨锯、圆盘锯等机械加工。小量及小面积者可用手提电锯、电动钢丝锯或手锯等进行直线、曲线切断加工。

(5)裁切铝塑板时应使用裁切铝质或塑胶质材料用的齿刃倒角较小的锯片。切削时应根据尺寸，用凿床、电钻、手提电锯、钢丝锯等进行圆形、曲线及各种图形的切削加工。开孔时应由镜面表面开始，以减少边缘毛边的产生。

(6)铝塑板修边或切削小口时，可用木工所用的刨刀或电动刨沟机及锉刀进行加工。如用定盘固定切削，则效果更好。

(7)铝塑板上裁切文字、图案，可用凿孔机、线锯、刨沟机等进行直线或曲线加工。

(8)弯曲(适用于内圆、外圆的弯曲)；铝塑板的弯曲，可用手动或电动的"三支橡胶滚轮机"并需注意滚轮必须擦拭得特别干净；铝塑板在弯曲前不得撕下保护膜，并须先将表面所有灰尘、砂粒、垃圾、硬屑等彻底清除干净；弯曲时须徐徐弯曲，不得急于求成，否则将会破坏镜面，并产生电镀裂痕、影响板的质量及美观。

二、铝塑饰面板的粘贴

1. 铝塑板的粘贴

(1)胶粘剂直接粘贴法。

在铝塑板背面及基层板表面均匀涂布立时得胶或其他橡胶类胶粘剂(如801强力胶、XH-401强力胶、LDN-3硬材料胶粘剂、XY-401. 胶、FN303胶、CX-401胶、JY-401胶等)一层，待胶粘剂稍具粘性时，将铝塑板上墙就位，并与相邻各板抄平、调直后用手拍平压实，使铝塑板与基层板粘牢。拍压时严禁用铁棒或其他硬物敲击。

(2)双面胶带及胶粘剂并用粘贴法。

根据墙面弹线，将薄质双面胶带按"田"字形分布粘贴于基层板上(按双面胶带总面积占底总面积30%的比例分布)。在无双面胶带处，均匀涂立时得胶(或其他橡胶类强力胶)一层，然后按弹线范围，将已试拼编号之铝塑板临时固定，经与相邻各板抄平调直完全符合质量要求后，再用手拍实压平，使铝塑板与基层板粘牢。

(3)发泡双面胶带直接粘贴法。

按图 6-5 所示将发泡双面胶带粘贴于基层板上，然后将铝塑板根据编号及弹线位置顺序上墙就位，进行粘贴。粘贴后在铝塑板四角加化妆螺丝四个，以利加强。

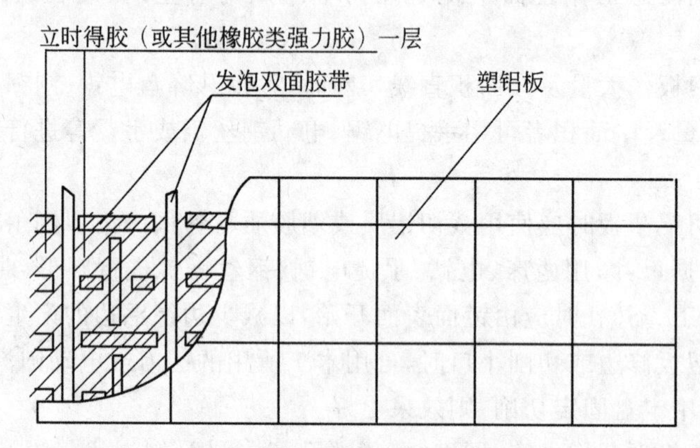

图 6-5　铝塑板发泡双面胶带直接粘贴法基本构造示意图

2. 修整表面

整个铝塑板安装完毕后，应严格检查装修重量，如发现不牢、不平、空心、鼓肚及平整度、垂直度、方正度偏差不符合质量要求之处，应彻底修整；表面如有胶液、胶迹，须彻底拭净。

3. 板缝处理

板缝大小宽窄以及造型处理，均按具体工程的具体设计处理。

4. 封边、收口

整个铝塑板的封边、收口，以及用何种封边压条、收口饰条等，均按具体设计处理。

第七章　细部工程施工

第一节　护栏、扶手制作与安装

目前应用较多的金属栏杆、扶手为不锈钢栏杆、扶手。断面尺寸根据设计选用。

金属栏杆和扶手的管径和管材的壁厚尺寸应符合设计要求。一般大立柱和扶手的管壁厚度不宜小于 1.2 mm。扶手的弯头配件应选用正规工厂的产品。如果扶手的管壁太薄，会使扶手和立柱的刚度削弱，使用时会有颤动感。另外，壁厚太薄的管材在煨弯时容易发生变形和凹瘪，使弯头的圆度不圆，在与直管焊接时会发生凹陷，难以磨平抛光完美。

由于我国不锈钢装饰材料产品的系列开发目前尚处在初级阶段。不锈钢栏杆和扶手的设计和施工仍以使用成品工业管材和现场人工焊接、打磨的方式为主。如选用镀钛不锈钢构件，通常先要在现场试装，再送工厂加工镀钛，施工的效率不高。

一、金属护栏、扶手制作与安装

1. 定位、放线

按照设计要求，将固定件间距、位置、标高、坡度进行找位校正，弹出栏杆纵向中心线和分格的位置线。

2. 安装固定件

按所弹固定件的位置线，打孔安装，每个固定件不得少于两个 $\phi10$ 的膨胀螺栓固定。焊接立杆，铁件的大小、规格尺寸应符合设计要求。检验合格后，焊接立杆。

3. 检查成品构件尺寸

由于目前生产加工仍处于小批量手工加工为主的状态，杆件和配件的加工精度受到技工操作水平影响很大，许多小型加工厂缺乏足够的技术人员和检测手段，更多地是依靠技工的经验，不容易控制工程的整体质量。因此对生产产品要逐件对照检查，确保成品构件的尺寸统一。同时应尽量采用工厂成品配件和杆件。

4. 焊接立杆

焊接立杆与固定件时，应放出上、下两条立杆位置线，每根主立杆应先点焊定位，检查垂直没问题后，再分段满焊，焊接焊缝符合设计要求及施工规范规定。焊接后应清除焊药，并进行防锈处理。

5. 安装石材盖板

地面为石材地面时，栏杆处安装有整块石材时，立杆焊接后，按照立杆的位置，将石材开洞套装在立杆上。开洞大小应保证栏杆的法兰盘能盖严。安装盖板时宜使用水泥砂浆。固定石材，可加强立杆栏杆的稳定性。

6. 焊接扶手或安装木扶手固定用的扁钢

采用不锈钢管扶手时，焊接宜使用氩弧焊机焊接，焊接时应先点焊，检查位置间距、垂直度、直线度是否符合质量要求，再进行两侧同时满焊。焊缝一次不宜过长，防止钢管受热变形。

安装方、圆钢管立杆以及木扶手前，木扶手的扁钢固定件应预先打好孔，间距控制在 400 mm 内，再进行焊接。焊接后间距垂直度、直线度应符合质量要求。

7. 加工玻璃或铁艺栏板

玻璃栏板应根据图纸或设计要求及现场的实际尺寸加工安全玻璃。玻璃各边及阳角应抛成斜边或圆角，以防伤手。

铁艺的加工、规格、尺寸造型应符合设计要求，根据实际尺寸编号(现场尺寸可小于实际尺寸 1～2 mm)。安装焊接必须牢固。

8. 抛光

不锈钢管焊接时，表面抛光时先用粗片进行打磨，如表面有砂眼不平处，可用氩弧焊补焊，大面磨平后，再用细片进行抛光。抛光处的质量效果应与钢管外观一致。

方、圆钢管焊缝打磨时，必须保证平整、垂直。经过防锈处理后，焊接焊缝及表面不平、不光处可用原子灰补平、补光。焊后打磨清理，并按设计要求喷漆。

二、木扶手安装

(1)检查固定木扶手的扁钢是否平顺和牢固，扁钢上要先钻好固定木螺丝的小孔，并刷好防锈漆。

(2)测量各段楼梯实际需要的木扶手长度，按所需长度尺寸略加余量下料。当扶手长度较长需要拼接时，最好先在工厂用专用开榫机开手指榫。但最好每一梯段上的榫接头不超过1个。

(3)找拉与划线。

1)对安装扶手的固定件的位置、标高、坡度找位校正后，弹出扶手纵向中心线。

2)按设计扶手构造，根据折弯位置、角度，划出折弯或割角线。

3)楼梯栏杆或栏板顶面,划出扶手直线段与弯头、折弯断的起点和终点的位置。

4)扶手高度不应小于 900 mm,护栏高度不应小于 1050 mm,栏杆间距不应大于 100 mm。

(4)弯头配置。

1)按样板或栏杆顶面的斜度,配好起步弯头,一般木扶手,可用扶手料割配弯头,采用割角对缝粘接,在断块割配区段内最少要考虑三个螺钉与支承固定件连接固定。大于 70 mm 断面的扶手的接头配置时,除粘结外,还应在下面作暗榫或用铁件铆固。

2)整体弯头制作:应先做足尺大样的样板,并与现场划线核对后,在弯头料上按样板划线,制成雏形毛料(毛料尺寸一般大于设计尺寸约 10 mm)。按划线位置预装,与纵向直线扶手端头粘结,弯头粘结时,温度不得低于 5℃。弯头下部应与栏杆扁钢结合紧密、牢固。

木扶手弯头加工成形应刨光,弯曲自然,表面磨光。

3)连接预装:预制木扶手须经预装,预装木扶手由下往上进行,先预装起步弯头及连接第一跑扶手的折弯弯头,再配上下折弯之间的直线扶手料,进行分段预装粘结。

4)固定:分段预装检查无误,进行扶手与栏杆(样板)上固定件,用木螺丝拧紧固定,固定间距控制在 400 mm 以内,操作时应在固定点处,先将扶手料钻孔,再将木螺丝拧入,不得用锤子直接打入,螺帽达到平正。

扶手与垂直杆件连接牢固,紧固件不得外露。

(5)木扶手与弯头的接头要在下部连接牢固。木扶手的宽度或厚度超过 70 mm 时,其接头应粘接加强。

(6)当木扶手断面的宽度或高度超过 70 mm 时,如在现场做斜面拼缝时,最好加做暗木榫加固。

(7)木扶手端部与墙或柱的连接必须牢固,不能简单将木扶手伸入墙内,因为水泥砂浆不能和木扶手牢固结合,水泥砂浆的收缩裂缝会使木扶手入墙部分松动。宜采用图 7-1 所示方法固定。

(8)沿墙木扶手的安装方法基本同前,因为连接扁钢不是连续的,所以在固定预埋铁件和安装连接件时必须拉通线找准位置,并且不能有松动。

(9)整修:木扶手安装好后,要对所有构件的连接进行仔细检查,木扶手的拼接要平顺光滑,对不平整处要用小刨清光;扶手折弯处如有不平顺,应用细木锉锉平,找顺磨光,使其折角线清晰,坡角合适,弯曲自然,断面一致,再用砂纸打磨光滑。然后刮腻子补色,最后按设计要求刷漆。

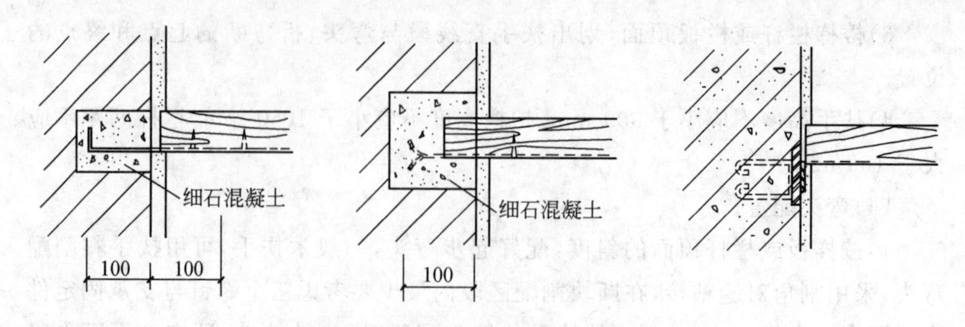

图 7-1　木扶手端部与墙或柱的连接

第二节　花饰安装

花饰包括木制石膏、金属、玻璃、石材、塑料、混凝土等。

1. 基层处理

花饰安装前应将基层、基底清理干净，处理平整，达到安装花饰的施工条件。

2. 花饰检查

在安装前应检查花饰强度及预埋件位置、牢固程度等状况是否符合设计要求，经检查符合设计要求及相关规范规定标准后，方可进行安装。

3. 放线、定位

预制花饰安装前，由测量人员配合按设计图纸，弹好花饰位置的中心线及分块控制线放线、定位。

4. 选样、试拼

预制花饰在安装前，应对花饰的规格、颜色、观感质量等进行比对和挑选，并在放样平台进行试拼，满足设计要求质量标准及效果后(复杂的花饰拼装应按顺序进行编号后)，再进行正式安装。

5. 粘贴法安装

一般轻型预制花饰采用粘贴法进行安装，粘贴材料根据花饰材料的品种选用。水泥砂浆花饰和水泥水刷石花饰，使用水泥砂浆或聚合物水泥砂浆粘贴；石膏花饰采用石膏灰或水泥浆粘贴；木制花饰和塑料花饰采用胶粘剂粘贴，也可用木螺丝固定的方法；金属花饰宜采用螺丝固定，也可采用焊接安装。

6. 混凝土花饰安装

预制混凝土花格或浮面花饰制品，应采用 1∶2 水泥砂浆砌筑，拼块的相互间用钢销子系固，并与结构连接牢固。

7. 大型花饰安装

较重的大型花饰采用螺丝固定法安装时，应将花饰预留孔对准结构预埋件，用铜或镀锌螺丝拧紧固定，花饰图案应精确吻合，固定后用 1∶1 水泥砂浆将安装的孔眼堵严，表面用同花饰颜色一样的材料修饰，不留痕迹。

8. 大重量、大体型花饰安装

重量大、大体型的花饰采用螺栓固定法安装。安装时将花饰预留孔对准安装位置的预埋螺栓，按设计要求基层与花饰表面规定的缝隙尺寸，用螺母或垫板固定，并加临时支撑。花饰图案应清晰，对缝吻合。花饰与墙面间隙的两侧和底面用石膏临时堵住。待石膏固定后，用 1∶2 水泥砂浆分层灌入花饰与墙面的缝隙中，由下而上每次灌 100 mm 左右的高度，下层终凝后再灌上一层。待灌缝砂浆达到强度后才能拆除支撑，清除周边临时堵缝石膏，并修饰完整。

9. 大、重型金属花饰安装

大、重型金属花饰安装采用焊接固定法安装。根据花饰块体的构造，采用临时固挂的方法，按设计要求找正位置，焊接点应均匀受力，焊接质量应满足设计及相关规范要求。

第八章　金属工安全操作技术

第一节　安全操作一般规定

(1)建筑工程施工必须坚持安全第一,预防为主的方针。

(2)生产班组(队)在接受生产任务时,应同时组织班组(队)全体人员听取安全技术措施交底讲解,凡没有进行安全技术措施交底或未向全体作业人员讲解,班组(队)有权拒绝接受任务,并提出意见。

(3)进入施工现场的作业人员,必须首先参加安全教育培训,考试合格方可上岗作业,未经培训或考试不合格者,不得上岗作业。

(4)从事特种作业的人员,必须进行身体检查,无妨碍本工种的疾病和具有相适应的文化程度。

(5)不满18周岁的未成年工,不得从事建筑工程施工工作。

(6)服从领导和安全检查人员的指挥,工作时思想集中,坚守作业岗位,未经许可,不得从事非本工种作业,严禁酒后作业。

(7)建筑施工工人必须熟知本工种的安全操作规程和施工现场的安全生产制度,不违章作业,对违章作业的指令有权拒绝,并有责任制止他人违章作业。

(8)班组(队)长,每日上班前,必须召集所辖班组(队)全体人员,针对当天任务,结合安全技术措施内容和作业环境、设施、设备安全状况及本班组(队)人员技术素质、安全知识、自我保护意识以及思想状态,有针对性地进行班前活动,提出具体注意事项,跟踪落实,并做好活动记录。

(9)班组(队)长和班组(队)专(兼)职安全员必须每日上班前对作业环境、设施、设备进行认真检查,发现不安全隐患,立即解决;重大隐患,报告领导解决,严禁冒险作业。作业过程中应巡视检查,随时纠正违章行为,解决新的不安全隐患;下班前进行确认检查,机电是否拉闸、断电、门上锁,用火是否熄灭,施工垃圾自产自清,日产日清,活完料净场地清,确认无误,方可离开现场。

(10)进入施工现场的人员必须正确戴好安全帽,系好下颏带;按照作业要求正确穿戴个人防护用品,着装要整齐;在没有可靠安全防护设施的高处[2 m以上(含2 m)]悬崖和陡坡施工时,必须系好安全带;高处作业不得穿硬底和带钉易滑的鞋,不得向下投掷物料,严禁赤脚穿拖鞋、高跟鞋进入施工现场。

(11)施工现场行走要注意安全,不得攀登脚手架、井字架、龙门架、外用电梯。禁止乘坐非乘人的垂直运输设备上下。

(12)施工现场的各种安全设施、设备和警告、安全标志等未经领导同意不得任意拆除和随意挪动。

(13)上班作业前应认真察看在施工程洞口、临边安全防护和脚手架护身栏、挡脚板、立网是否齐全、牢固；脚手板是否按要求间距放正、绑牢，有无探头板和空隙。

(14)六级以上强风和大雨、大雪、大雾天气，应停止露天高处和起重吊装作业。

(15)作业中出现不安全险情时，必须立即停止作业，组织撤离危险区域，报告领导解决，不准冒险作业。

(16)脚手架未经验收合格前严禁上架子作业。

(17)在沟、槽、坑内作业必须经常检查沟、槽、坑壁的稳定状况，上下沟、槽、坑必须走坡道或梯子。

(18)施工现场用火，应申请办理用火证，并派专人看火，严禁在禁止烟火的地方吸烟动火，吸烟到吸烟室。

第二节　焊接安全操作技术

为了防止触电事故的发生，除按规定穿戴防护工作服、防护手套和绝缘胶鞋外，还应保持干燥和清洁。在操作过程中，还应注意以下几方面问题。

(1)焊接工作开始前，应首先检查焊机和工具是否完好和安全可靠。如焊钳和焊接电缆的绝缘是否有损坏的地方焊机的外壳接地和焊机的各接线点接触是否良好。不允许未进行安全检查就开始操作。

(2)工作地点潮湿时，地面应铺有橡胶板或其他绝缘材料。

(3)身体出汗后而使衣服潮湿时，切勿靠在带电的钢板或工件上，以防触电。

(4)在带电情况下，为了安全，焊钳不得夹在腋下去搬被焊工件或将焊接电缆挂在颈上。

(5)推拉闸刀开关时，脸部不允许直对电闸，以防止短路造成的火花烧伤面部。

(6)在狭小空间、船舱、容器和管道内工作时，为防止触电，必须穿绝缘鞋，脚下垫有橡胶板或其他绝缘衬垫；最好两人轮换工作，以便互相照看。否则需有一名监护人员，随时注意操作人的安全情况，一遇有危险情况，就立即切断电源进行抢救。

(7)更换焊条一定要戴皮手套，不要赤手操作。

(8)下列操作，必须在切断电源后才能进行。

改变焊机接头时，更换焊件需要改接二次回路时，更换保险装置时，焊机发生故障需进行检修时，转移工作地点搬动焊机时，工作完毕或临时离开工作现场时。

第三节 手持电动工具安全操作技术

(1)为了防止射钉误发射而造成人身伤害事故，使用射钉枪时应符合下列要求。

1)在更换零件或断开射钉枪之前，射枪内均不得装有射钉弹。

2)严禁用手掌推压钉管和将枪口对准人。

3)击发时，应将射钉枪垂直压紧在工作面上，当两次扣动扳机，子弹均不击发时，应保持原射击位置数秒钟后，再退出射钉弹。

(2)手持电动工具依靠操作人员的手来控制，如果在运转过程中撒手，机具失去控制，会破坏工件、损坏机具，甚至造成伤害人身。所以机具转动时，不得撒手不管。

(3)使用冲击电钻或电锤时，应符合下列要求。

1)钻孔时，应注意避开混凝土中的钢筋。

2)电钻和电锤为40％断续工作制，不得长时间连续使用。

3)作业孔径在25 mm以上时，应有稳固的作业平台，周围应设护栏。

4)作业时应掌握电钻或电锤手柄，打孔时先将钻头抵在工作面上，然后开动，用力适度，避免晃动；转速若急剧下降，应减少用力，防止电机过载，严禁用木杠加压。

(4)手持电动工具转速高，振动大，作业时与人体直接接触，所以在潮湿地区或在金属构架、压力容器、管道等导电良好的场所作业时，必须使用双重绝缘或加强绝缘的电动工具。

(5)作业前的检查应符合下列要求。

为保证手持电动工具的正常使用，在手持电动工具作业前必须按照以下要求进行检查。

1)外壳、手柄不出现裂缝、破损。

2)各部防护罩齐全牢固，电气保护装置可靠。

3)电缆软线及插头等完好无损，开关动作正常，保护接链接正确牢固可靠。

(6)严禁超载使用。为防止机具故障达到延长使用寿命的目的，作业中应注意音响及温升，发现异常应立即停机检查。在作业时间过长，机具温升超过60℃时，应停机，自然冷却后再行作业。

附录

附录一　金属工职业技能标准

第一节　一般规定

金属工职业环境为室内、室外自然气温条件下。

第二节　职业技能等级要求

一、初级建筑金属工

1. 理论知识

(1)了解识图的基本知识,看懂本工种的一般产品加工图;

(2)了解金属门窗、扶梯、栏杆、轻钢龙骨、吊顶、隔断、百叶的规格、种类及用途;

(3)了解金属门窗、扶梯、栏杆等产品的加工、安装方法;

(4)了解一般金属材料的焊接、焊接、铆接及切割方法,并熟悉主要材料名称;

(5)了解铆、锯、锉、凿,冷作的基本操作方法;

(6)了解金属门窗、金属栏杆等产品与墙体连接的基本形式;

(7)了解本工种的产品加工、安装工艺及工艺操作规程;

(8)了解本工种产品加工和安装的现行质量标准及相关材料标准;

(9)熟悉自用加工、安装设备、机具、工量器具的使用和保养方法;

(10)掌握本工种安全操作规程。

2. 操作技能

(1)能在通用钻床上,利用压板和专用夹具装夹、校正一般工件,完成钻孔加工;

(2)能按图纸和样本要求完成简单的产品切割断料、冲占圆孔、方孔、长腰孔和锐圆孔、长腰孔、长槽;

(4)能熟练进行金属门窗、空洞、装饰百叶及玻璃等产品的安装、校正;

(5)能正确使用手枪钻、手提切割机、手提砂轮机等电动工具;

(6)能按产品安装工艺操作规程完成普通门窗、空调装饰百叶、轻钢龙骨、吊

顶、栏杆、扶梯等安装施工,并调整到位;

(7)会简单的铆、锯、锉、凿钳工操作;

(8)会一般金属件的焊接和铆接;

(9)能按质量标准对加工和安装后的产品进行自检;

(10)会自用加工设备、安装设备、机具、工量器具会使用并保养。

二、中级金属工

1. 理论知识

(1)熟悉本工种的产品的加工图、立面图、施工图、节点图、机械制图、公差与配合的一般知识;

(2)了解金属门窗的主要物理性能指标和定级要求;

(3)掌握常用金属门窗、卷帘门及金属扶梯、栏杆等产品的结构用料和构造节点;

(4)熟悉本工种的产品加工、安装工艺和工艺操作规程;

(5)掌握自用加工、安装设备和常用机械设备的使用和维护保养方法;

(6)熟悉金属门窗、型材及装饰材料的切削性能和用途;

(7)熟悉施工现场测量放线、弹线定位知识,熟悉按图放样划线技术;

(8)熟悉产品加工标准、施工安装验收标准及隐蔽工程验收内容;

(9)熟悉复杂的或不规则的工件加工的装夹和基准面的选择;

(10)了解电工、焊工及土建施工的一般知识和安全施工的有关规定。

2. 操作技能

(1)会按技术图纸要求放样划线、切割断料;

(2)会按施工图要求进行门窗、栏杆等产品的测量放线、弹线定位,定出门窗、栏杆等产品的安装位置;

(3)能按产品安装工艺操作规程完成组合门窗、异形门窗、卷帘门、防雷电等产品的安装施工,并调整到位;

(4)会编制本工种的安装工艺操作规程;

(5)会在较复杂工件上钻多孔、深孔、铣榫等;

(6)会合理使用自用加工安装设备、机具和常用的机械设备并会维护保养;

(7)会对本工种有关的构件或产品加工、安装,检查评定,并会记录;

(8)能对较复杂工件会铆、锯、锉、凿钳工操作。

三、高级金属工

1. 理论知识

(1)掌握产品加工图、立面图、施工图、节点图;

(2)了解有关结构力学计算知识;

(3)掌握各类金属件的焊接、铆接、螺接的工艺方法，并选定合理的加工工艺；

(4)掌握金属门窗、金属饰面常见的密封结构种类、形式和使用方法；

(5)掌握自动门、旋转门、特种门、螺旋体扶梯等产品的结构用料、构造节点和安装连接节点；

(6)掌握各类产品加工、安装工艺操作规程及工艺要求；

(7)熟悉各类产品加工、安装设备、机具的构造、用途、使用性能、调试方法和验收要求；

(8)掌握本工种产品的质量标准和施工验收规范；

(9)熟悉施工现场危险源的控制方法，并提出预防措施。

2. 操作技能

(1)会对自动门、旋转门、特种门、螺旋体、扶梯等复杂产品的放样、配料、安装施工；

(2)会在复杂工件上钻斜孔、对接孔、铣椭圆孔；

(3)会对复杂的工件会铆、锯、锉、凿钳工操作；

(4)会金属门窗或金属饰面构件有关的密封、保温、绝缘、防雷电等施工；

(5)会估算加工、安装用材料、配件的耗用量和加工、安装工时；

(6)能根据施工图并结合工程实际情况会找出造成质量缺陷，提出修正方法；

(7)会发现排除产品加工、安装施工中常用设备的故障；

(8)对本工种初、中级工进行示范操作，传授技能。

四、金属工技师

1. 理论知识

(1)熟悉土建结构大样图，掌握绘制较复杂的产品加工图、立面图、节点图、施工图和零附件大样图的方法；

(2)掌握金属门窗或金属栏杆、饰面等产品的加工、安装工艺操作规程的编制；

(3)熟悉各种材料的热处理、防腐处理的方法；

(4)熟悉有关结构力学计算知识；

(5)熟悉产品加工、安装用的设备机具的使用管理；

(6)掌握金属门窗、扶梯、栏杆、饰面等产品，特别是球体、组合体的工料计算方法；

(7)掌握球体产品的安装方法和一般工程和重大工程项目的细部节点处理方法；

(8)掌握按产品工艺特性选择工夹具的方法；

(9)掌握鉴别和排除各类设备机具的故障的方法；

(10)掌握各类金属制品的质量验收标准及检验方法；

(11)熟悉新技术、新材料、新工艺、新设备的应用；

(12)掌握计算机的基本操作方法。

2. 操作技能

(1)会绘制较复杂的产品加工图、立面图、节点图、施工图和零附件装配图；

(2)能参与编制工程项目施工组织设计方案；

(3)能根据各类金属材料的性能、产品构件的受力状况来选配料；

(4)能选择和改进专用夹具应用于复杂工件的加工；

(5)能根据质量安全控制重点制订预防措施；

(6)能新产品开发、新材料应用、新工艺推广工作；

(7)能解决较复杂的技术难题和加工、安装中的关键问题；

(8)对本工种中、高级工示范操作，传授技能。

五、金属工高级技师

1. 理论知识

(1)掌握对技术图纸的校对与审核的要点；

(2)掌握对施工项目施工组织设计方案的论证的程序和方法；

(3)掌握金属门窗、饰面等产品的材料选用的要求和施工工艺确定的原则；

(4)掌握金属门窗、饰面等产品的设计、加工、运输、检验、安装、维护保养和产品检测的质量标准和定级标准；

(5)掌握金属门窗、饰面等产品的新技术、新材料、新工艺、新设备的推广论证和确定；

(6)掌握复杂产品和异形产品的安装技巧，能解决施工技术和操作技术难题；

(7)掌握制定产品质量常见病防治的措施与方法，应掌握质量、安全事故的突发应急处理方法；

(8)掌握计算机绘图知识。

2. 操作技能

(1)会使用计算机绘制产品加工图、立面图、节点图、施工图和另附件装配图；

(2)能审核复杂的产品图样并制定加工、安装工艺；

(3)能按产品性能参数选定施工工艺和施工机具，并能设计各类高难度的产品加工夹具；

(4)能承担新产品开发前的可行性研究、立项、试制、鉴定、投产总结等工作；

(5)能参与工程项目施工组织设计方案的编制与管理；

(6)具有协调、分析、处理重大质量安全事故的能力，会撰写书面总结报告；

(7)掌握本工种产品质量验收规范和质量检验方法；

(8)能掌握新技术、新材料、新设备、新工艺操作技术的传授和示范，解决技术难点的技巧。

附录二　金属工职业技能考核试题

一、填空题(10题,20%)

1.钢的含碳量高,说明钢的强度__大__。

2.合金元素含量是__5%～10%__为中合金钢。

3.优质钢材中磷和硫的含量小于__磷0.035%、硫0.035%__。

4.在查阅某一墙上窗的高度,一般从__立面图__中获得。

5.具有计划任务书和总体设计,经济上实行独立核算,行政上具有独立组织形式的基本建设单位,如一个学校,一个工厂,这叫做__建设项目__。

6.全面质量管理的基本核心是强调__提高人的工作质量__,来保证产品质量,达到全面提高企业和社会经济效益的目的。

7.将工程分成若干施工段,每个施工段的工作量大致相等,工人可以先后安排在各个施工段上连续均衡地进行施工操作,这种施工方法叫__流水施工法__。

8.施工工艺卡有时又叫做工法,其编制的主要依据是__质量标准和操作规程__。

9.建筑物按耐火程度分为__4__级。

10.钢筋按其强度大小分__Ⅰ至Ⅳ级__钢筋等级数。

二、判断题(10题,10%)

1.建筑装饰装修工程中常用的钢材是碳素结构钢和低合金高强度结构钢。(√)

2.根据合金元素含量的不同,合金钢可分为低合金钢、中合金钢和高合金钢。(√)

3.金属压力加工的挤压法可分为:正挤压、反挤压和正反联合挤压三种方法。(√)

4.圆锯片锯齿形状与锯割木材材质的软硬、进料速度、光洁度以及纵或横割等因素有密切关系。(√)

5.圆锯片锯齿的尖角角度越大,则锯割能力较大,越适应于横锯硬质木材。(×)

6.使用框锯进行圆弧锯割操作中,锯条应该垂直于工件面。(√)

7.粗制螺栓都是粗牙螺纹,精制螺栓都是精制螺纹。(×)

8.使用螺旋旋钻进行钻孔操作时,应双面钻,以防损坏工件表面的光洁度。(√)

9.一般的压刨机,木板的上、下两面可以通过二次刨削而制得平整合格的产

品。 (×)

10. 平开铝合金窗按开启方向可分为：外开窗和内开窗。 (√)

三、选择题（20 题，40%）

1. 据冶炼方法__D__钢的质量最好。

A. 平炉钢　B. 氧气转炉钢　C. 空气转炉钢　D. 电炉钢

2. 镇静钢的代号__A__。

A. Z　B. E　C. D　D. Y

3. 钢的含碳量高，说明钢的强度__B__。

A. 小　B. 大　C. 中等　D. 最低

4. 合金元素大于__A__为高合金钢。

A. 10%　B. 12%　C. 15%　D. 20%

5. 隔断龙骨的代号是__B__。

A. D　B. Q　C. Y　D. J

6. 平开铝合金窗的代号__A__。

A. PLC　B. TLC　C. GLC　D. CLC

7. 刨的刨刃平面应磨成一定的形状，即形成__A__为正确。

A. 直线形　B. 凹线圆弧形　C. 凸线圆弧形　D. 斜线形

8. 当墙面的窗扇向里开窗时，窗上结构应作防水处理，其方法为__C__。

A. 固定不开　B. 百叶窗

C. 披水板与出水槽（孔）　D. 设窗帘

9. 铁门窗的铁脚，应采用__A__固定。

A. 水泥砂浆　B. 石灰砂浆　C. 水泥纸袋　D. 油灰

10. 在钢窗的安装中，常用木榫作临时固定，其固定位置一般在__C__。

A. 边框中间　B. 远离边角　C. 靠近边角　D. 什么地方均可

11. 在安装钢窗零件中，遇到一时安装不到位时，应__D__。

A. 用锤猛力击入　B. 用电焊固定

C. 用不同型号的零件代替　D. 维修后装入

12. 用墨斗弹线时，为使墨线弹的正确，提起的线绳要__C__。

A. 保持垂直　B. 提得高

C. 与工件面成垂直　D. 多弹几次选择较好的一条

13. 楼梯段的宽度是由同时通行的人数而设计的，若宽度为 1100 mm，则可知为__B__。

A. 单人通行　B. 双人通行　C. 三人通行　D. 四人通行

14. 当楼梯段的宽度为 1700 mm，则应__B__。

A. 可不设靠墙扶手　B. 设靠墙扶手　C. 设中间栏杆　D. 随便

15. 承重墙在建筑中的作用为＿D＿。

A. 承重　B. 围护　C. 分隔　D. 承重、围护、分隔

16. 木门扇的上铰链距离扇底边为＿C＿mm。

A. 175～180　B. 170～190　C. 190～195　D. 195～200

17. 在安装楼梯模板中的三角踏步时，为踏步上抹灰的需要，踏步的水平位置按设计图纸均应＿A＿。

A. 向后退一个抹灰层厚度

B. 向前放一个抹灰层厚度

C. 按设计图纸定位

D. 上梯段向后退，下楼段向前放一个抹灰厚度。

18. 限制物体作某些运动的装置称约束，球体被摆置在地坪面上的约束称为＿B＿。

A. 柔性约束　B. 光滑接触面约束

C. 铰支座约束　D. 固定端支座约束

19. 限制物体作某些运动的装置称束，链条所构成的约束称为＿A＿。

A. 柔性约束　B. 光滑接触面约束

C. 铰支座约束　D. 固定端支座约束

20. 铝合金门框与墙体间的缝隙，应用＿D＿填塞密实，然后外表面再填嵌油膏。

A. 水泥砂浆　B. 石灰砂浆　C. 混合砂浆　D. 矿棉或玻璃棉毡

四、问答题(5题，30%)

1. 钢材按脱氧程度不同可分为哪些种类?

答：沸腾钢、镇静钢、平静钢、特殊镇静钢。

2. 简述吊顶轻钢龙骨安装施工的操作顺序。

答：轻钢龙骨的施工操作顺序为：放线→固定吊点、吊杆→安装主龙骨→调平主龙骨→固定次龙骨→固定横撑龙骨。

3. 铝合金门窗的固定要求有哪些?

答：(1)固定点距门窗的距离不得大于 180 mm，固定点间距不得大于 600 mm，四周均设。

(2)铝合框埋入地面以下 20～50 mm。

(3)与铝框连接的固定或连接铁件，需做镀锌或防腐处理，避免电化学腐蚀。

(4)采用焊接固定时不得在铝框上打火，并需要在焊接点附近用石棉布包好铝框。

(5)采用射钉固定时，射钉点距结构边缘不得小于 50 mm，且不得在砖墙上射钉。

(6)自由门安装调整后，地弹簧周围需灌筑 C25 以上豆石混凝土。

4. 简述铝合金框扇玻璃的安装应注意的问题。

答：(1)玻璃裁割尺寸准确、方正，大小符合有关间隙要求；

(2)安装时保证与镶嵌槽的间隙，并加装减振垫块；

(3)嵌缝密封膏时要擦净尘土、污物，活扇找正，保证框扇间缝隙均匀；嵌胶的宽度、坡度一致，填实粘牢，颜色与框扇协调；污染及时清理。

5. 塑料门窗框与墙体的连接固定方法。

答：塑料门窗框与墙体的固定方法，常见的有连接件法、直接固定法和假框法三种。

(1)连接件法。这是用一种专门制作的铁件将门窗框与墙体相连接，是我国目前运用较多的一种方法。其优点是比较经济，且基本上可以保证门窗的稳定性。连接件法的做法是先将塑料门窗放入窗洞口内，找平对中后用木楔临时固定。然后，将固定在门窗框异型材靠墙一面的锚固铁件用螺钉或膨胀螺栓固定在墙上。

(2)直接固定法。在砌筑墙体时先将木砖预埋入门窗洞口内，当塑料门窗安入洞口并定位后，用木螺钉直接穿过门窗框与预埋木砖连接，从而将门窗框直接固定于墙体上。

(3)假框法。先在门窗洞口内安装一个与塑料门窗框相配套的镀锌铁皮金属框，或者当木门窗换成塑料门窗时，将原来的木门窗框保留，待抹灰装饰完成后，再将塑料门窗框直接固定在上述框材上，最后再用盖口条对接缝及边缘部分进行装饰。

参考文献

[1] 中国建筑装饰协会培训中心.建筑装饰装修金属工[M].北京:中国建筑工业出版社,2003.
[2] 北京土木建筑学会.建筑工程技术交底记录[M].2版.北京:经济科学出版社,2005.
[3] 张洋.装饰装修材料[M].2版.北京:中国建材工业出版社,2006.
[4] 建筑专业《职业技能鉴定教材》编审委员会.装饰工[M].北京:中国劳动社会保障出版社.
[5] 邓钫印.建筑材料实用手册[M].北京:中国建筑工业出版社,2007.
[6] 北京市地方性标准.北京市建筑工程施工安全操作规程.DB J01－62－2002.